Prisoners
of Our Thoughts

思维的囚徒

[美]亚历克斯·佩塔克斯
[美]伊莱恩·丹顿 著

赵晓瑞 译

中信出版集团 | 北京

图书在版编目（CIP）数据

思维的囚徒 /（美）亚历克斯·佩塔克斯,（美）伊莱恩·丹顿著；赵晓瑞译. -- 北京：中信出版社，2019.7（2023.7重印）

书名原文：Prisoners of Our Thoughts

ISBN 978-7-5217-0707-6

Ⅰ.①思… Ⅱ.①亚…②伊…③赵… Ⅲ.精神分析学派 Ⅳ.①B84-065

中国版本图书馆CIP数据核字（2019）第109449号

Prisoners of Our Thoughts
Copyright © 2017 by Alex Pattakos and Elaine Dundon
Copyright licensed by Berrett-Koehler Publishers
arranged with Andrew Nurnberg Associates International Limited.
Simplified Chinese translation copyright © 2019 by CITIC Press Corporation
ALL RIGHTS RESERVED
本书仅限中国大陆地区发行销售

思维的囚徒

著　者：[美]亚历克斯·佩塔克斯　[美]伊莱恩·丹顿
译　者：赵晓瑞
出版发行：中信出版集团股份有限公司
　　　　　（北京市朝阳区东三环北路27号嘉铭中心　邮编　100020）
承　印　者：唐山楠萍印务有限公司

开　本：880mm×1230mm　1/32　印　张：9.5　字　数：200千字
版　次：2019年7月第1版　印　次：2023年7月第18次印刷
京权图字：01-2019-1581
书　号：ISBN 978-7-5217-0707-6
定　价：58.00元

版权所有·侵权必究
如有印刷、装订问题，本公司负责调换。
服务热线：400-600-8099
投稿邮箱：author@citicpub.com

对本书的赞誉

在我们纯净如水、一成不变的生活中,特别是在工作中,我们的工作和身份总是不停地被否定。追寻意义不是能令我们一劳永逸、高枕无忧的事情,而是需要我们长期坚持的最基本的生活追求。实事求是地说,这本书的独特之处在于,它为我们提供了一种哲学理念和一套方法,可以保持生活和工作的意义,使其充满生机与活力,彼此关联,互相促进。

彼得·韦尔 安提亚克大学 哲学博士
《管理是一种表演艺术》作者

这本书很神奇……如果你能认真耐心地阅读这本书,你的态度和思考行为就会开始发生变化。它会使你产生巨大而深刻的变化,甚至会颠覆你的态度和思考方式。它会让你情不自禁开始追寻生活和工作的意义。

傅苹
《3D人生》作者
杰魔公司创始人和前首席执行官

如果你想体现自己的个人价值和职场价值,那么请你阅读本书。如果你决心过一种真正的(有价值的)生活,那么这本书对你而言会特别有用。这本书值得你的所有同事和家人反复诵读。

安·罗兹
人联咨询公司总裁 捷蓝航空公司前首席人力官

这本书是一块宝石。它不因循守旧，所以注定会成为一种典范。亚历克斯·佩塔克斯和伊莱恩·丹顿通过这本书改变了意义疗法的应用范畴。他们把意义疗法从临床治疗拓展到了企业社团，把导师维克多·弗兰克尔的创新思想和远见卓识应用到工作中，向我们展示了工作也是生命意义的来源。作者向我们成功展示了意义疗法和工作之间的联系，更重要的是，作者的展示方式大胆而巧妙。我很喜欢这本书，特此推荐。
斯蒂芬·科斯特洛博士
爱尔兰维克多·弗兰克尔研究所创始人兼分部主任

这是一本十分振奋人心、开阔视野、启迪心灵的读本。它不可思议地加深了我们对生活和工作的认识。书中充满了智慧，是寻找生活意义和财富的路标。
海因里希·安加
瑞士楚格管理中心共同创办人
瑞士意义疗法和存在分析协会主席

维克多·弗兰克尔的超验精神证明，人类具有适应能力。亚历克斯·佩塔克斯巧妙地为这种精神注入了新的重要活力。阅读这本书是一个明智的选择，这个选择可以加深你对生活意义的理解。
杰弗瑞·泽格博士
米尔顿·艾瑞克斯基金会会长

弗兰克尔博士的智慧来自自己的亲身经历，本书对其进行了十分巧妙的呈现。对于那些想要寻找生活和工作意义的人来说，他的智慧能产生极大的实用价值。
迪伊·霍克
维萨（VISA）信用卡创始人和荣誉首席执行官

不要听天由命！让佩塔克斯告诉你该如何应用弗兰克尔的核心原则，使你的工作和生活更有意义。任何人都可以开始自我探索之旅。无论你是邮递员还是首席执行官，你都会发现，探索会让结果更好，让你与别人的关系更融洽。

吉恩·斯彭斯
卡夫食品公司全球技术和质量执行副总裁

献 给

维克多·弗兰克尔（Viktor E. Frankl）博士
（1905—1997）

史蒂芬·柯维（Stephen R. Covey）博士
（1932—2012）

/

他们的

人生经历和精神遗产

会照亮黑暗

永远激励

全世界所有追求生命意义的人

/

目 录

序 / IX
第三版序 / XVII

第一章　人生不是偶然 / 001

第二章　维克多·弗兰克尔 / 017

第三章　原则1　自由地选择你的态度 / 029

第四章　原则2　实现有意义的目标 / 055

第五章　原则3　发现生命瞬间的意义 / 077

第六章　原则4　千万不要违心做事 / 097

第七章　原则 5　从远处审视自己　/ 115

第八章　原则 6　改变你的关注焦点　/ 133

第九章　原则 7　要敢于超越自己　/ 147

第十章　生活的核心意义　/ 163

第十一章　工作的核心意义　/ 189

第十二章　社会的核心意义　/ 215

第十三章　维克多·弗兰克尔的遗产在延续　/ 237

致　谢　/ 257
作者简介　/ 259
注释　/ 262

序
/ 史蒂芬·柯维 /

维克多·弗兰克尔于1997年9月去世。在他去世前不久，我就听说他出现了健康问题，而且他的病情恶化，不得不住院接受治疗。当时的我十分渴望与他交谈，想向他表示衷心的感谢，因为他一生所做的工作影响了成千上万人，对我自己的生活和事业也产生了很大影响。我知道当时他已经失明，他的妻子每天在医院念几个小时的书给他听。我永远也不会忘记在我看望他时，听他说话的那种感觉。在他听到我对他的感激、敬仰和关爱之词后，他表现得那样和蔼可亲和谦逊随和。我感觉自己是在同一个伟大而高贵的灵魂交谈。他耐心地听完之后说："史蒂芬，你说话的口气就像我要离你而去了，我还有两个重要的项目没完成呢。"他还是那样一如既往地热爱自己的工作，保持着自己的本真个性，坚持着意义疗法的原则！

弗兰克尔持续奉献的愿望和决心使我想起了他与汉斯·塞利的合作。汉斯·塞利是加拿大蒙特利尔市人，以研究压力和撰写相关著述而闻名。塞利说，只有当我们做有意义的工作和项目时，我们的免疫力才会提高，衰老和退化的速度才会放缓。他称这种压力为"积极压力"。"积极压力"与烦恼不同，产生烦恼的原因是生活没有意义，人与人之间缺少诚信。可以肯定地说，他们两个人互相影响，强调了意义疗法和人类追寻生命的意义给身心带来的诸多益处。

亚历克斯·佩塔克斯请我为本书作序，并告诉我这也是弗兰克尔一家人的建议，我感到既荣幸又激动。我之所以能够参与进来，还有一个特殊原因，是因为他们觉得我在组织机构的管理领导方式上与维克多·弗兰克尔的"工作原则"（这本书的核心主题）十分吻合。收到佩塔克斯的来信后，我感觉这本书愈发重要。佩塔克斯在信中这样写道："弗兰克尔博士去世的前一年，我们在他的书房里交谈。他当时抓着我的胳膊说，亚历克斯，你要做的就是把书写出来。"

我永远也不会忘记，在20世纪60年代，在我研读《活出生命的意义》和《医生和灵魂》两本书时，我所受的感动和鼓舞。这两本书和弗兰克尔的其他著作以及演讲再次肯定了我的"灵魂密码"的看法，也就是我对选择的力量、与生俱来独一无二的自我意识、人类的本质以及追寻意义的意志的看法。有一次，我在夏威夷度假，仍积极思考着这些问题。当时，在一所大学的图书馆里，我随手从书架上拿起了一本书，读了三行。结果令我吃惊的是，那三行字竟然再次肯定了弗兰克尔的主要理论。那三行文字如下：

在刺激和反应之间有一个空间，
在那个空间里我们有选择反应的自由和能力，
我们的成长和幸福全在我们的反应里。

我当时没有留意这本书的作者，所以一直无法为这段话注明正确的出处。后来再去夏威夷时，我本计划再去图书馆寻找这本书，但很可惜图书馆已经不复存在了。

发生在我们身上的事情和我们的反应之间存在空间，我们有选择如何反应的自由，而我们的选择无疑会对我们的生活产生影响。这三点恰好说明，我们能够成为什么样的人不是由环境决定的，而是因为我们自己的决定。这一点阐释了弗兰克尔一直强调的三大价值，即创造价值、经验价值和态度价值。我们能够选择如何应对突然发生的状况，也有能力改变我们的境况，甚至还有义务去改变这种境况。如果我们忽视这个空间的存在，放弃这份选择的自由，并且推卸责任，就无法体会人生的意义和宝贵遗产的精髓。

曾经有一段时间，我在一个军事基地讲解"以原则为中心"的领导策略。在离开前，我同指挥官告别。这位指挥官是一名陆军上校，我问他："你为什么要推行如此重大的改革，把以原则为中心的生活和领导策略引入你的部队？你明明知道这样做是逆流而上，是在与强势的文化力量抗衡。你已经到了不惑之年，今年年底就要退役，你的军旅生涯一帆风顺，你只需保持现有的成功模式，直到退役即可。退役时，你还会因为多年来全心全意为军队的无私奉献而得到各种荣誉和称赞。"他的回答深深地印在了我的脑海里，让我至今难以忘怀。他说："我的父亲前不久去世了。父亲知道自己快要不行了，就把母亲和我叫到了他的床前。他示意我靠近他，想跟我小声说点儿什么。母亲站在一旁，泪流满面。父亲说，儿子，答应我，不要像我这样生活。我没有尽到一个父亲和丈夫的责任。我从未有过真正的改变。儿子，答应我，不要像我这样生活。"

这位指挥官说："史蒂芬，这就是我努力改变的原因。我想提高全军上下的作战水平，让大家有全新的表现，做出更大的贡献。我想有所改变。我平生第一次衷心地希望，我的接班人能够青出于蓝而胜于蓝。在此之前，我还希望自己的成就无人能及。但是，现在我不这样想了。我想让这些原则变成制度，融入我们的文化。这样，它们就可以延续下来，并不断得到发扬和传承。我知道这需要付出艰辛的努力。我甚至愿意申请延期退役，这样就能继续跟进这项工作直到完成。不过，我这么做也是想兑现对父亲的承诺，那就是要积极改变。"

从这位指挥官身上，我们可以得到一些启示：勇敢并不意味着没有恐惧，而是因为我们意识到还有比恐惧更为重要的事情等着我们去做。我们的一生中，至少有 1/3 的时间不是在为工作做准备，就是正在工作，而且通常都是在某个机构工作。甚至退休之后,我们在工作机构、家庭或者社团也有各种各样有意义的工作。工作和爱是人类生活的本质。

伟大的人本主义心理学家亚伯拉罕·马斯洛在临终前也有类似的看法,他肯定了弗兰克尔"追寻意义的意志"的主张。他觉得自己的需求层次理论太过于依赖需求,自我实现也并不是人类的最高需求。最后,他得出的结论是,超越自我是人类灵魂的最高需求,这正好反映了弗兰克尔的理论精髓。马斯洛的妻子贝莎和马斯洛的研究助理把他最后的思想收集在一起,编入了《人性能达到的境界》一书中。

我的工作是与机构和职场人士打交道,主要是帮助客户确立个人和组织机构的使命宣言。我发现,如果你能让足够多的人一起自由交流、协作共事,让他们知道该行业或职业的现状以及自己的机构文化,他们就会产生集体意识,认为自己需要在工作中体现其价值;然后,他们会建立价值目标,去努力完成自己的计划。目标和手段密不可分。实际上,目标事先存在于手段之中。没有一个高尚的目标是通过卑劣的手段达成的。

我在教学中发现,人们真正认真思考过的唯一最令人兴奋、最令人激动和最励志的观点是选择的力量。该观点认为,预测未来的最好办法就是创造未来。这基本上是一种个人自由理念,要学习问一些维克多·弗兰克尔式的问题,比如,生活要我做什么?在这种情况下我该做什么?就是说,你有选择去做的自由,而不是无须选择。这当然是一种由内向外,而非由外向内的方法。

我发现，当人们真的有了这种意识，向自己提出了这些问题，并开始深入思考时，通常他们都会重新确定自己的人生目标和价值观，而且能超越自己。就是说，他们讨论的意义已经大于生命的意义，这种讨论能提升别人生命的价值，能为别人提供帮助。而这正是维克多·弗兰克尔在纳粹集中营里所做的事情。他们打破了旧的做事模式，形成了新的行为习惯，积聚了新的正能量。他们就是我所说的"转型者"。"转型者"摒弃了过去毫无意识的行为模式和生活态度。

注意不到的东西制约着我们的视野和行为。
因为我们未能注意到我们未能注意的事实，
所以，等我们发现它对我们的思想和行为产生何等深远的影响时，
我们才知道自己已经无法改变它。

R.D. 莱因（R.D.Laing）

有了这种思想，再加上佩塔克斯博士在本书中介绍的七大主要原则，我们就可以实现一种基本的宏伟目标：让个人本性和奉献精神、良知和爱、选择和意义都能发挥作用，互相协调，和谐发展。这与本书所描述的次要目标正好相反。达到次要目标的人，是世人眼里的成功者，但他们无法真正实现自我价值。

最后，为了使大家更好地阅读本书，我想给大家两点建议。

第一，把这些核心原则与和你一起生活的人，或者是可能对这些原则感兴趣的同事一起分享，你也可以讲给他们听。第二，身体力行，按照这些原则去生活。光学不做真的等于没学，光知道不做真的等于不知道。如果我们仅仅对这些核心原则做理性思考，用语言表述一番，而不与他人分享并共同实践，那么我们就像一个先天失明的人，凭借光、光的属性、眼睛和眼睛解剖结构的学术研究知识，向另一个人解释什么是看见。阅读本书时，希望你亲身体会一下这七个原则：自由地选择你的态度，实现有意义的目标，发现生命瞬间的意义，千万不要违心做事，从远处审视自己，改变你的关注焦点和敢于超越自己。建议你循序渐进地学习这本书。读完第一个原则，你就可以去分享和应用它，然后再读第二个原则，以此类推。你也可以一口气把全书读完，让自己先有一个宏观认识，然后再回过头去，通过自己的体会逐一学习这些原则。你会成为变化的"催化剂"，成为一个"转型者"。你会破旧立新，重新开始。你的生命会呈现出意想不到的意义。从我自身的经历和在职场与很多机构和个人共事的体会来看，我知道结果必然如此。

人生不是职业，而是一项使命。这是从我的祖父和维克多·弗兰克尔那里得到的深刻教诲。

第三版序

本书 2004 年首次出版后没多久，印度洋发生的大地震就引发了有史以来最严重的自然灾害——也称"南亚大海啸"。海啸使二十三万人丧生，五十万人无家可归。印度尼西亚的亚齐特别行政区离震中最近，因此它是被狂风巨浪破坏最严重的地区。

一个偶然的机会，雅加达一家名为大能企管（Dunamis Organization Services）的专业服务公司负责人设法拿到了这本书。为了使在亚齐工作的义工做好准备，迎接可能出现的问题，该公司制订了一个义工准备计划。该计划不仅要培训义工在户外看到各种凄惨景象时快速反应和有效应对的能力，而且还要教会他们如何调整自己的心态。我的书成了他们的培训教材，后来还被当地政府机构、联合国教科文组织和联合国儿童基金会等非政府组织所采用。本书描述的七大原则成了参与该计划的义务救助人员必须掌握的知识、技能和态度。

我没想到这本书中的原则可以被用来解决这样的实际问题，这说明本书的出版很值得，至少对我们来说的确很有意义，我们的激动心情溢于言表。这本书的第一版并没有说明如何应用这些原则，亚历克斯在第一次构思和撰写这本书的时候，也并没有想到它会有这样的应用价值。但是，自从第一版出版以后，我们就知道它被应用的潜力是无限的，会远远超出工作和职场的范围。

它不只可以应对灾难

除了可以应对灾难，本书还可以用来解决很多与我们的生活密切相关的问题。你是不是辛苦地干着一份不喜欢的工作？你觉得工作还算不错，但是你却无法从工作中获得成就感？从宏观角度来说，你是否想过生活中还有比你获得体验更为重要的东西？你是否感觉不幸的事情碰巧发生在你的身上，你对生活失去了控制能力，却无能为力？如果你对上述任何一个问题的回答是"是"，你就会发现，实际上很多人和你一样，他们身上也有类似的情况发生，所以你并不孤单。提出这样一些有关生活和工作的基本问题是很自然的事情。考虑到读者有这样的需求，所以本书主要讨论的是人类对人生意义的追寻。本书的理论基础主要来自世界著名的精神病学家维克多·弗兰克尔的哲学思想和方法。维克多·弗兰克尔著有《活出生命的意义》一书，这本书被美国国会图书馆认定为美国十大最有影响力的书之一。弗兰克尔追寻意义的思想，通过他自己和他的客户的现身说法得以传播，已经对全世界数百万人产生了积极影响。

弗兰克尔是第二次世界大战纳粹集中营的幸存者，他提出了一个最广为人知的观点：他坚信，不管面对何种生活挑战，你都有选择自己的态度和反应的自由。作为集中营的囚徒，弗兰克尔失去了很多——他先后失去了妻子和家人、身份（被数字代替）、衣服、健康以及行动自由。但是，无论自己和周围的人发生了什么事情，他都保持着选择态度和反应的能力。他知道，在那样的处境下他有责任找到生命的意义，重要的是，不让自己变成自己思维的囚徒。事实上，他并没有选择消极被动、坐以待毙的方式，而是采用了积极的方法去寻找意义。同样，我们也都有能力应对挑战，也可以用我们的能力去找寻生命的意义。弗兰克尔坚信，我们生活的每一刻都有意义，即使是生命的最后时刻也是如此，我们每个人都有责任去找到意义。他还强调，我们不是非得遭受痛苦才能找到或者体会意义。

弗兰克尔是意义疗法（Logotherapy）的创始人。意义疗法是一种以意义为中心的人本主义心理治疗方法，它包含多种观点，其中包括"自由地选择你的态度"。我们阅读了大量弗兰克尔的书籍、文章、演讲稿和相关作品，从中凝练出我们认为比较重要的七大核心原则，它可以帮助大家找寻生命的意义。"自由地选择你的态度"就是本书分享的七大原则之一。同时，我们还提供了一个概念基础以及实用指南，帮助大家判断一些有关意义的问题。

本书的目的很明确，就是帮助大家找到工作和职场的意义。我们对工作的定义比较宽泛，所以本书的内容适合不同领域的读者，包括义工、带薪工作者、各行各业的从业者、求职者、转型者和退休人员。本书解释了弗兰克尔的原则在一般职场环境下的应用，所以这些原则也可以指导职场之外的日常生活。书中有大量的实例、故事、练习、问题、挑战以及其他实用工具，可以指导你把弗兰克尔的思想应用到实践中，从而找到人生意义探索路径，发现工作和生活的意义。

亚历克斯对维克多·弗兰克尔的评价

弗兰克尔对我工作和生活产生影响的时间差不多得追溯到五十年前。弗兰克尔在存在分析、意义疗法和寻找意义方面做出了不少开创性的工作。在过去的五十多年里，我大部分时间都在研究他的著作，已经把他的原则应用到许多不同的工作环境和场合。作为精神治疗专家，多年来我对弗兰克尔思想的影响力一直深信不疑。我在多个不同的组织机构验证了他的部分哲学思想和方法。随着这种验证的深入，弗兰克尔的思想对我的影响与日俱增，我也越来越信赖他的思想。在与许多遭遇工作和个人生活困境的人一起共事时，我自然而然也会反思自己的生命旅程，并经常借助弗兰克尔的思想和智慧，受益匪浅。

维克多·弗兰克尔一生都在实践自己的意义理论，并且从事着有意义的工作。根据我的亲身经验，我知道做到这一点很不容易。在学术界有一种说法，叫作"教然后知不足"。写书亦是如此。不过，从很多方面来说，写书还不算难，最难的是把所写的

1996年8月，作者与弗兰克尔博士在奥地利维也纳弗兰克尔的书房中的合影

东西付诸实践——这一点我必须承认，我只能努力向弗兰克尔学习。1996年，我在维也纳见到了弗兰克尔。在他家里与他见面时，我第一次提出了写书的想法，我想把他的核心原则和方法应用到工作和职场。弗兰克尔听后，非常支持我。当时弗兰克尔靠着桌子，他抓住我的胳膊，以他一贯热情的口吻对我说："亚历克斯，你要做的就是把书写出来。"他的话深深地印在了我的心里，从那一刻起，我就暗自下定决心要把这本书写成。

现在，我比以往任何时候都清楚，我是一个幸运儿，也是一个受益者。我就像一直站在现代最伟大的思想家维克多·弗兰克尔的肩膀上。弗兰克尔博士在纳粹集中营骇人听闻的恶劣环境下找到了活下去的理由。他通过自己的亲身经历为我们留下了一笔宝贵的遗产。无论身处何种境地，这笔遗产都可以帮助我们在生活中找到更为丰富的深层意义。弗兰克尔的意义遗产是本书的理论基础，本书也是对弗兰克尔的思想遗产的实际转化，希望可以使其永远被传承下去。

第三版的特点

当今这个日新月异、错综复杂、变幻莫测的世界让人们对寻找生活、工作和社会的意义产生了更加浓厚的兴趣。现在正是把本书第一版和第二版中肯定生命、鼓舞人心的内容，在第三版中进行扩展的大好时机。第三版的一个主要变化是增加了合著者伊莱恩·丹顿的研究内容。伊莱恩是我的好伙伴、贤妻和灵感之源。凭借在商务、创新、哲学方面独特的背景和经历，她给本书第三版增添了趣味与活力。

伊莱恩·丹顿对维克多·弗兰克尔的评价

弗兰克尔对我的工作和个人生活的影响可以追溯到青少年时期。当时，我第一次阅读《活出生命的意义》。这本书对我有十分深远的影响。因为从那以后，每当在生活和工作中面临挑战的时候，我就会重读这本经典，寻找有关如何认识和找寻意义的见解。我经常感觉自己是一个囚徒，当然这里不是指字面意思，我并不是说自己真的被关在一个钢筋铁丝网围成的监狱里，而是打了一个比方，是说我自己被狭隘的观念束缚了。这些观念不仅涉及我对自己的处境和能力的认识，还关系到我对别人的认识。我把别人当成了我思维的囚徒，认为他们的下一步行为举止可能会按照我的想法去做。幸运的是，我遇到了亚历克斯·佩塔克斯，我了解到他对意义疗法、存在分析和追寻生活和工作的意义很感兴趣，于是我们开始合作，开启了环球旅行。我们非常幸运，所到之处，我们都会遇到很多对意义感兴趣也愿意分享自己对意义的观点和看法的人，特别是他们分享了弗兰克尔的智慧帮助他们战胜挑战的经历。在推进工作的同时，也能同我的丈夫、伙伴和智者亚历克斯分享旅途的甘苦，是我莫大的荣幸。

第三版是修订扩展版。第一版中的故事在第三版中既有保留，也有更新。此外，我们还新增了应用练习和四个章节（"生活的核心意义""工作的核心意义""社会的核心意义"和"维克多·弗兰克尔的遗产在延续"）。我们希望读者能活学活用本书的内容，时不时回顾一下书中的概念和实例，做做练习，把核心原则应用到自己的日常生活和工作中。只有这样，这本书才不会成为你书架上的摆设。只有这样，维克多·弗兰克尔的巨著才能发挥它应有的作用。只有这样，这本书才能帮助你真正找到生活和工作的意义。

亚历克斯·佩塔克斯
伊莱恩·丹顿

第一章
人生不是偶然

归根结底,人类不应追问生命的意义是什么,而应该意识到自己才是被追问的对象。总而言之,每个人都得面对生命的追问,只有为自己的生命负责,才能找到生命意义的答案;只有敢于负责担当,才能经受住生活的考验。[1]

我（亚历克斯）和维克多·弗兰克尔可以说是多年的老相识。早在20世纪60年代末期，我就接触并拜读过他的经典著作《活出生命的意义》。当时，我在美国陆军部队服兵役，接受布鲁克陆军医院的正规培训，学习社会工作和心理学方面的知识。布鲁克陆军医院，即现在的布鲁克陆军医疗中心，位于得克萨斯州圣安东尼奥市萨姆休斯敦堡。这次特殊的学习经历，不仅让我有机会同该领域的一些顶级专家合作共事，而且点燃了我向精神病学和心理学领域中各种思想流派学习的热情。尤其是弗兰克尔的著作当时让我产生了强烈的共鸣，并最终成为我个人生活和工作中不可分割的一部分。

多年来，我总是在自己的生活和工作中充分利用各种机会实践弗兰克尔的思想。事实上，在我的适应能力的极限受到挑战时，我会应用他的核心原则和技巧，并常常把他的思想与其他思想流派进行比较。我的实践已经证明，他的原则和技巧具有有效性和可信度。我很快就意识到，他的哲学思想和方法十分有效，所以在我还没有产生写这本书的想法之前，我就已经是一个不折不扣的意义疗法实践者了。我一生中的许多关键时刻，包括工作，可以用"混乱不堪"和"充满挑战"来简单形容。在这种艰难而又命运攸关的时刻（这种时刻通常会持续较长时间），我需要通过大量的深刻反省来寻找答案。我清楚地记得，在那些关键的时刻，我真的感觉自己失去了平衡，甚至可以说是不知所措。顺便说一句，很多年以前，我从精神治疗医师托马斯·摩尔的畅销书《心灵地图》中了解到，人生最有意义的时刻不是一帆风顺时，而是没有把握时。总之，正是在那些意义重大的时刻，我发现自己早已实践了弗兰克尔的哲学思想和方法。

我在二十出头大学刚毕业时，就已经感觉自己处于特别失衡的状态。我本打算服完兵役后去学习法律，而我的父亲是一位工程师，他希望有一天我能为他工作，成为他公司处理合同相关的法律问题的律师。在父亲的帮助和催促下，我在新泽西州一家大型工程建筑公司谋得了一份工作。可是，我并不想成为一名公司律师。我之所以对法律感兴趣，完全是因为我在越南战争时期服兵役时的想法。当时的我认为，法律可以成为制定社会政策和改革社会的手段。我的这种观点预示了我和父亲的关系，以及我和老板的关系将会出现问题。

在我感到困惑的时候，弗兰克尔的著作提醒我，选择如何应对困境是我义不容辞的责任。我知道，我必须保持积极乐观、坚忍不拔的态度。事实上，这种经历，也可以被称为一种生存困境，为我提供了很好的机会，让我认清并确定了自己的价值观，知道了自己想做什么工作和不想做什么工作。这就意味着，我需要放弃相对安逸的工作。更为困难的是，我需要勇敢地面对现实，即使与父亲发生多次激烈的争论，我也要宣布自己的决定，明确地告诉他我要走的道路。从我个人的经历来看，我觉得这样的冒险和努力都是值得的。我应对这次困境的积极态度也让我有了更好的适应能力，使我可以更好地应对余生遇到的其他类似挑战。

有人说，直觉本能是基因遗传，价值观是对传统的继承，但是因为意义是独一无二的，所以理所应当需要个人去发现。[2]

我（伊莱恩）也遇到过很多感觉失衡的状况。在有些情况下，我自己很淡定，可是其他人却不是这样。这是发生在很多年以前的事了。十二岁那年，有一天我为街对面的一位女士照看小孩，她转过身来对我说："你母亲正在经受痛苦的折磨。"当时我的脸上一定是十分困惑的表情，因为她又补充了一句："不，不，你不懂。"她说的没错，我不懂。我不知道我的母亲被诊断出了乳腺癌，而且是恶性的。回想一下，如果没有医疗技术和精神支持，母亲被治愈的概率就微乎其微。我的父母决定不告诉任何一个孩子，我想，他们这么做是在保护我们，不想让我们受到坏消息的困扰。事后我才意识到，或许他们自己也并不清楚该如何应对，他们也需要时间来克服对癌症的恐惧。可是，他们对病情闭口不谈只会让我更加担心,更加孤独,因为我找不到一个人来诉说心中的苦闷。

不管怎样,我们都成功经受了这场暴风雨的洗礼。我的母亲表现得一直十分积极乐观,所以她又活了十四年。她知道只有坚持活下去才能引导四个孩子健康成长。她实践了弗兰克尔的原则,就是著名的减法反省原则(把注意力从疾病转移到更为重要的事情上,比如她的孩子)和自我分离原则(从远处某个角度来审视自己,包括保持幽默感)。我还记得她在病床上阅读弗兰克尔的《活出生命的意义》的情景。我还记得,有一天,我眼泪汪汪地对她说:"我不想让你死。"她握着我的手,开玩笑地说:"可是,如果大家都不死,那么地球会成什么样子?如果五百岁的人,甚至一千岁的人都在地球上散步,那么这个世界是不是太奇怪了?"母亲用自己善意的方式告诉我,人生只是一场旅程。她的勇气、慈爱和智慧引导着我,让我学会了如何客观看待生活中的挑战,如何在各种境况下(不管境况如何悲惨)去寻找生命的意义。

我深信,归根结底,任何情况本身都孕育着意义的种子。[3]

这些年来,弗兰克尔的思想对我们的生活(包括工作)有着深远的影响。我们对弗兰克尔的学说进行了潜心研究,这本书就是我们研究的结晶。书中不仅有他本人对我们的鼓励,也有如何把他的思想应用到日常生活和工作中的综合实践经验。其中既有我们自己的亲身实践经验，也有别人的实践体会。

在第二章，我们主要回顾了维克多·弗兰克尔的人生历程。维克多·弗兰克尔是一位精神病学家，他在第二次世界大战期间被关进纳粹集中营，受尽折磨。也正因如此，他发现了生命的意义。他用毕生的心血创造了意义疗法。他的治疗方法让我们认识到，意义是我们存在的基础。不过，弗兰克尔也指出，痛苦创伤并不是寻找生命意义的先决条件。他的意思是说，每当我们遭受痛苦的时候，无论遭受多大的痛苦，我们都能在当时的境况下找到存在的意义。当然，我们也能在顺境之中找到生命的意义。无论在什么情况下，选择寻找意义是找到生命的意义的必经之路。作为精神导师、作家以及意义疗法的创始人，弗兰克尔在有生之年对很多人的一生都有深远的影响。现在，他的理论学说还在世界范围内被广泛传播，对人们有指导作用和深远影响。

尽管弗兰克尔创作了一部鸿篇巨制，但他并没有把自己的理论学说归结为七个核心原则。我们提出的七个原则是对他学说的最好概括。我们在本书中对每一个原则都有介绍。

这些原则主要包括：

原则1　自由地选择你的态度（第三章）

无论发生什么，我们都可以自由地选择应对的态度。在《活出生命的意义》中，弗兰克尔用一句名言对此概念进行了恰当的描述，"生活的艰难和困苦可以剥夺人类的其他一切，但唯独剥夺不了人类最后的一点儿自由，即人类无论在何种境况下都有选择处世态度的自由和选择自己行为方式的自由"。[4]

原则 2　实现有意义的目标（第四章）

按照弗兰克尔的观点，意义疗法认为，"人存在的主要目的是做有意义的事，实现人生的价值，而不是仅仅满足本能需要和获取回报"。[5] 我们可以有意识地做出真实承诺，去实现有意义的价值观和目标，以此来实现意义意志，而不是为了获取金钱、影响、地位或声望去完成工作。

原则 3　发现生命瞬间的意义（第五章）

意义就在我们的日常生活和工作中，在所有的生命瞬间自我显现。我们的基本假设是，只有自己才能为自己的生活负责，才能发现自己生命中每一个瞬间的意义，编织出自己独特而丰富多彩的生活。

原则 4　千万不要违心做事（第六章）

有时候，我们的强烈愿望和意图会因为我们自己过度关注结果而遭受挫败。弗兰克尔称这种自我伤害形式为"过度意向"（hyperintention）。在有些情况下，我们实际得到的结果确实与最初的想法截然相反，这就是"矛盾意向"。我们可以学习并了解自己是如何对抗自己的，然后集中精力创造自己想要的生活和工作环境。

原则5　从远处审视自己（第七章）

弗兰克尔说："只有人类才能和自己保持距离，换个角度从远处审视自己。"[6] 这也就是我们所说的"自我分离"。这个概念可以帮助我们放松心情，不再为小事过度担心。这种"自我分离"能力包括人类独有的一种特质，即幽默感。弗兰克尔指出："动物都不会笑，更不要说嘲笑自己或嘲笑别的动物了。"[7] 我们可以学习如何从远处审视自己，学会以全新的视角深入了解自己，包括嘲笑自己。

原则6　改变你的关注焦点（第八章）

维克多·弗兰克尔被关押在纳粹集中营时，为了缓解压力、痛苦和矛盾，他学会了把注意力从痛苦转向其他更令人愉悦的事情上。所以，在我们面临困境时，我们也要学会如何转移关注焦点。

原则7　要敢于超越自己（第九章）

弗兰克尔在书中这样写道："爱是人类努力奋斗的最高终极目标……人类只有通过爱和被爱才能获得拯救。"[8] 不管境况如何，不管规模大小，走出去与别人建立联系，为别人提供帮助服务，你就能实现找到深层意义的目标。自我超越就是要与比自己更重要的崇高目标建立联系，并为之不懈奋斗，所以说它为我们提供了找到终极意义的途径。

这七大核心原则很好地阐释了弗兰克尔的主要观点：我们总能发挥自己的潜能，找到生活的意义并对生活中发生的事情做出恰当的反应。生活中发生的事情并不都是偶然事件，我们应该为自己的生活负责。弗兰克尔在纳粹集中营能找到生命的意义，我们今天也要像他一样，在生活中积极寻找生命的意义。我们不能让自己成为受害者，不能再被动生活，最为重要的是，不能再做自己思维的囚徒。

在第十章（生活的核心意义）、第十一章（工作的核心意义）和第十二章（社会的核心意义）中，我们分享了弗兰克尔的理论以及我们在研究、写作和实践经验中获得的启示，我们阐述了如何应用理论和启示来帮助自己集中精力，在生活、工作和社会中找到深层意义。在弗兰克尔的学说以及我们自己的相关研究工作基础上，我们还总结出了本书的另一个核心观点，那就是，意义必须是一个人生活的基础或核心，这里的生活当然也包括广义上的工作生活。如果不了解意义在我们生活和工作中的重要性，我们就像一艘在大海上漂泊的小船，无法与别人建立任何真正的联系，也没有明确的方向和目标引导我们走完生命的艰难航程。

现代社会存在意义危机。许多人对我们说，他们觉得生活中缺少某种东西。他们感觉不知所措，孤独和没有成就感。总体来说，他们感觉与别人失去了联系，不能全身心投入自己的生活和工作。抑郁现象呈上升趋势。很多人根本无法适应现代技术、文化以及社会转型带来的快速发展变化。他们不断追求享乐，采取其他方式暂时地逃避现实，但这些做法只能让他们感觉更加空虚。我们被告知要追求"幸福"，但有时幸福对我们而言只是幻想而已，因为我们的生活有自然律动或它应有的节奏——生活有高峰也会有低谷，有悲伤也会有欢乐，有顺境也会有逆境。

如果我们的生活状态不能达到自己的预期，或者与我们经常在脸书和其他社交媒体看到的光鲜亮丽的生活相差甚远，那么追求"幸福"只会让我们更加沮丧。追求权力和影响力也是一种幻想。权力被视为强有力的主宰，人们可以控制或试图控制其他人或其他事物。追求财富可以看成追求权力的另一种形式。追求权力最终只能导致悲观绝望，因为我们无法真正对别人或事件进行控制。聪明的人都知道，人唯一拥有的真正权力来自自己，人只能对自己进行控制。

在第十章、第十一章和第十二章中，我们主要介绍了意义学这个新领域涉及的相关工作，也就是在生活、工作和社会生活中对意义的研究与实践。很多人把意义定义为"重要性"或"某种重要的东西"，而我们从意义疗法或存在角度对意义进行了更深入的思考，对整个意义研究进行了形而上学层面的考察。我们把意义定义为"与自己的本性或核心本质达成的共鸣"。如果感觉某件事很重要，或者我们知道它很重要，这是因为它与我们的真实身份产生了共鸣。核心本质确定了我们是谁，是我们人类有别于其他动物的主要特点。意义的这一深层定义对个人的生活和工作、机构组织以及整个社会都很有帮助。即使从相反的角度来看，也就是发现哪些事对我们没有意义，哪些事与我们的本性或核心本质无法产生共鸣，对我们也是很有裨益的。这个练习除了其他好处之外，还能帮助我们通过自己的生活和工作经历加深对意义来源的认识。

我们还在第十章、第十一章和第十二章中对意义学的另一部分内容——在生活和工作中发现意义的"法则"进行了重点介绍。尽管七大原则能帮助我们学习和探讨维克多·弗兰克尔在意义疗法和存在分析方面的主要观点，但我们觉得还是有必要为人们提供较为清晰明确的方法，引导个人和集体采取切实有效的实际行动去追寻意义。通过研究和实践，我们发现了可以发现深层意义的三个要素，它们可被看作本书描述的七个意义疗法原则的综合、简化和拓展。这三个要素分别是：

- 与他人建立有意义的联系（O）
- 对从事的工作要有崇高的目标（P）
- 用积极的态度拥抱生活（A）

　　这三个要素的名称可以拼写为 OPA，也就是三个要素的首字母组合，十分简单好记。这个生活工作的准则可以帮助我们深入了解如何追寻意义。关于 OPA 意义准则及其实践应用，我们在第十章、第十一章和第十二章都有详细的介绍。

　　第十三章（维克多·弗兰克尔的遗产在延续）是本书的最后一章。在这一章，我们主要介绍了弗兰克尔博士的遗产继续在世界上被广为传播的情况。他的意义疗法和存在分析体系种子已经找到了新的土壤，将会在新的领域生根、发芽、开花、结果。本章还说明了以下几点：弗兰克尔会永远活在我们的心里，他的智慧永远不会过时，他毕生的事业会继续对人类产生重要的（有意义的）影响。但是现在，还是让我们首先来回顾一下弗兰克尔博士的生活和工作，全面了解他的意义为本的方法论基础，学习如何把他的创新哲学思想应用到我们的生活中吧。

意义反思

在第三版中,我们在每一章的后面增添了一个"意义反思"版块,主要包括意义时刻练习、意义问题以及意义主张。目的是为了帮助读者把每一章学到的主要内容融入自己的生活和工作中。

意义时刻练习

写下在生活或工作中你认为表现得特别消极的一个人的详细情况,然后你再从另一个人的角度去写,再比较一下两种描写有何不同?你认为事情的发展自己无法控制,自己是事件的受害者?还是你认为自己应该为发生的事情承担部分或全部的责任?你从这个消极现状中能学到什么?如果类似的情况再次发生,你能采取什么不同的处理方法?你会采取什么不同的做法?

意义问题

- 你是不是自己思维的囚徒?
- 你是不是把别人(同事、家人和朋友)也当成了自己思维的囚徒?
- 你怎么做才能使你的生活或工作更有意义?

意义主张

我要积极地开始生活,为自己的生活负责,同时也要尽我所能去发现意义,因为我知道,生活对我来说并不是偶然。

第二章
维克多·弗兰克尔

我不会忘记发生在我身上的好事,也不抱怨发生在我身上的坏事。[1]

弗兰克尔1905年3月26日出生在奥地利维也纳。那一天也是贝多芬去世的日子。弗兰克尔在自传中提到了这一巧合，并借用一位同学的话"祸不单行"[2]，展现了自己的幽默感。弗兰克尔的父亲曾因为经济原因被迫从医学院退学，后来成了一名公务员，向小时候的弗兰克尔灌输了强烈的社会正义感。他父亲在儿童保护和青少年福利部门工作了三十五年。弗兰克尔和母亲较为亲近，所以，他较为感性的一面主要受到了母亲的影响。他感情丰富，能敏锐地感受到人与人之间相互的联系。在一定程度上，他的感性对他工作的影响不亚于他的理性。

弗兰克尔在三个孩子中排行老二，很小就备受完美主义思想的折磨。他因为自己无法做到十全十美，所以总是与自己过不去。他说："我甚至很多天都不和自己说话。"他小小年纪就有很不寻常的兴趣爱好，为此，他还给精神分析学家西格蒙德·弗洛伊德写过信。他在高中阶段与弗洛伊德一直有书信联系。遗憾的是，后来，这些信都落到了盖世太保的手里。盖世太保是当时在纳粹德国以及被德国占领的其他欧洲国家设立的秘密警察组织。

弗兰克尔从那时起就已经独自开始追寻意义。他坚信，人类精神是人类所独有的。他认为，与他同时代的许多存在主义哲学家和精神病学家都认为生命和人性"什么也不是"，这种做法其实否定或低估了人类的精神。他十六岁就做了人生第一场公开演讲，演讲题目为"生命的意义"。两年后，他高中毕业，撰写的毕业论文是《谈哲学思想心理学》。从某种程度上来说，他所做的一切准备，好像都是为了应对后来的不幸遭遇，为了给大屠杀之后伤心绝望、心灰意冷的人们带来生活的希望。

1924年，应弗洛伊德的邀请，弗兰克尔在《国际精神分析杂志》上发表了第一篇论文。他当时才十九岁，就已经提出了自己思想体系中的两个基本观点。第一个观点是，我们要为自己的存在负责。我们必须回答生命对我们的提问，回答生命的意义。第二个观点是，终极意义深不可测，而且未来会依然如此。所以，我们在追求终极意义时一定要有足够的信心。在同一年，弗兰克尔开始从事医学研究，并与当时著名的精神病学家阿尔弗雷德·阿德勒成了好朋友，他与阿德勒的关系帮助他提升了在医学领域的专业知名度。阿德勒邀请他为杂志撰稿，因此他又在著名的《国际个体心理学杂志》上发表了另一篇文章。那一年，弗兰克尔才二十岁。

意义疗法

一年以后，在德国的一次公开演讲中，弗兰克尔第一次使用了"意义疗法"（Logotherapy）这个词。他用这个词来命名自己独特的人道主义心理治疗方法，也就是众所周知的"维也纳第三大精神治疗流派"（前两大流派分别是弗洛伊德流派和阿德勒流派）。这个心理治疗体系为我们认识"意义是存在的基础"铺平了道路。弗兰克尔选择这个名称有好几个原因。其中一个原因是，这个词直接提到了希腊词 logos(λóγος)。logos 在英语中常常被翻译成"意义"，而这个意思刚好与他的意义疗法的理念相符。需要指出的是，弗兰克尔并没使用 logos 这个词或术语的现代意义或用法。大家都知道，logos 在现代是指设计出来容易被人识别的商标、产品或公司名称的图形标识。尽管当代对这个词的定义与最初的希腊词有些联系，把图形符号与产品或公司的深层意义联系了起来，但弗兰克尔所指的肯定不是设计出来的图形标识和现代市场营销手段。

进一步的研究结果表明，希腊词 logos 的各种译文都有深刻的精神根源。[3] 生活在公元前 500 年左右的古希腊哲学家赫拉克利特是最早将 logos 称为"精神"的人之一。人们对赫拉克利特提出的 logos 有各种解读，认为它是"逻辑""意义"和"理性"。对赫拉克利特来说，logos 掌管着宇宙的和谐秩序，宇宙法宣扬的则是"一即一切，万物是一"的思想。他相信宇宙存在秩序，事物的存在形式都是有原因的。如果我们能像赫拉克利特所建议的那样做，即相信万物是互相联系的，我们就能加深对意义的了解，找到生活和工作的意义。

在大部分西方哲学文献和宗教典籍中也能找到 logos 的这个概念。logos 教义也是埃及亚历山大犹太哲学家斐罗的宗教思想的核心。斐罗明确提出 logos 属于精神领域。斐罗甚至认为，logos 是神圣的，是能量的来源，人类灵魂因它才得以显现。而且，斐罗提出的"logos 是精神和生命能量"的说法在早期希腊哲学家和他同时代的神学家的著作中也有清楚翔实的文献记载。[4]

对话是弗兰克尔意义疗法中的一种核心方法。对话的概念与过程同样是建立在 logos 的基础之上的。但这绝非巧合。"dialogue"来源于希腊语，由希腊词"dia"（δια）和"logos"两部分组成，"dia"的意思是"通过"，"logos"翻译成英文的意思是"意义"或"精神"。如果把对话过程看作是人与人之间建立真实联系后达成的一种共同精神，那么对话的过程就具有了新的和更为深刻的意义。它已经远远超出了集体思维，或者不只是对某种事物达成一般的共识或共享意义。真正的对话是让个人切实意识到，每一个人都只是更大整体中的一部分。在整体之中，个人自然而然会与别人产生共鸣，整体的确大于各个部分的总和。在整个过程当中，参与者只要团结起来，就能创造出比个人单枪匹马、孤军作战更伟大的成就。

如上所述，用"意义疗法"这个名称来命名弗兰克尔独一无二的人道主义方法是十分恰当的。意义疗法可以激励我们去寻找和发现生活和工作中的深层意义。值得注意的是，他并不主张采用当时传统的心理治疗方法，因为他觉得很多医生只关注一个人生活的某一个方面，没有考虑到他的全部生活。他觉得这种"简化主义"的方法具有局限性，在某种程度上违背了人性。他在书中公开承认人性的弱点，但他的研究更加深入。他认为，弱点背后必有潜在意义。这种方法强调我们都有学习和改变弱点的潜力。弗兰克尔相信，每一件事，不管它被看成好事还是坏事，都能教会我们更好地认识自己、认识世界。他在自传中这样写道："我深信，任何情况本身都孕育着意义的种子。"[5]

但是，就在弗兰克尔努力为自己创造的以意义为本的治疗方法寻找支持时，他遇到了很多挑战。由于他在人类动机的本质问题上选择支持另外一种观点，1930年在他获得医学学位后就被逐出了阿德勒学术圈。他也因为自己独特的存在哲学而不得不退出弗洛伊德学派。结果证明，他迫不得已离开两大知名的阵营正好为他发展自己的思想流派和心理治疗方法铺平了道路。

不过，他当时已经在青少年咨询方面做了不少工作，在国际上已经小有名气了。1930年到1938年，他在维也纳大学医学院的神经门诊部工作。1938年，他开办了治疗神经疾病和精神疾病的私人诊所。但是，很快第二次世界大战爆发了，德国入侵了奥地利。战争初期，弗兰克尔是维也纳罗斯柴尔德医院神经科主任，因此，弗兰克尔和他的家人得到了一些保护。罗斯柴尔德医院是当时唯一的一所犹太医院。当时纳粹要求给精神病人实施安乐死。他冒着生命危险，开假诊断，违反纳粹规定，挽救了不少人的生命。就是在那一段时间，他开始撰写他的第一本书《医生和灵魂》。

1942年9月，弗兰克尔和他的家人被捕，后来他们被押送到了布拉格附近的特莱西恩施塔特集中营。从此，弗兰克尔就开始了长达三年漫长而黑暗的囚徒生活。在此期间，弗兰克尔的妻子蒂莉、父母和弟弟都因为无法忍受纳粹集中营的恐怖生活相继离世。弗兰克尔先被关押在奥斯威辛集中营和达豪集中营，最后被囚禁在蒂尔克海姆集中营，后来他差点儿因为伤寒死在那里。纳粹没收了他的第一本书《医生和灵魂》的手稿，但他用从集中营办公室偷来的纸把书稿重新写了出来。弗兰克尔在自传中回忆说："我相信，我之所以能幸存下来，其中最主要的一个原因是，我下定决心要把失去的手稿重写一遍。"[6]

第二次世界大战结束后，弗兰克尔被集中营释放，他把自己在集中营的经历写成了一本书，书名就是《活出生命的意义》。在这本书里，弗兰克尔用生动的语言直言不讳地揭露了集中营对囚犯的虐待、折磨和残酷屠杀。他还在书里对人性进行了高度赞美，认为人能够在最令人无法想象的恶劣条件下超越恐惧，发现生命的意义。弗兰克尔在集中营的经历和观察进一步强化了他青年时期就形成的意义原则。在纳粹德国集中营中，弗兰克尔看到一些人在经过临时营房时不仅安慰别人，还把自己仅有的最后一点儿面包送给他们。他在书中写道:"这样的人或许屈指可数,但是他们足以证明,生活的艰难和困苦可以剥夺人类的其他一切,但唯独剥夺不了人类最后的一点儿自由,即人类无论在何种境况下都有选择处世态度的自由和选择自己行为方式的自由。"[7]

这段话或许是弗兰克尔的书中被引用最多的段落之一。事实上,美国参议员约翰·麦凯恩在他的回忆录《父辈的信念》的序言中也引用了这段话。约翰·麦凯恩是一位战俘幸存者,他曾在越南被关押了五年半。他认为自己之所以能幸存下来,在很大程度上是因为学习了弗兰克尔的学说,受到了他的人生经历的启发。用弗兰克尔的话来说,就是"你不一定非要有痛苦的经历才能学习。但是,如果你不能从无法避免的痛苦经历中吸取经验教训,那么你的生活真的就毫无意义可言……一个人对待命运,也就是对待那些无能为力的事情的更好方式可以使他的生活更有意义。这种方式决定着他的处世态度"[8]。

战争结束后,作为一名幸存者和精神病学家,弗兰克尔深刻地认识到,他的意义疗法理论有更大的可靠性和更深刻的意义。他说这段经历让他时常遭受噩梦的困扰,但他也知道,这些经历是他的信念的基石,从此他更加坚信自我超越和意义意志原则。

> 我可以超越痛苦,可以看到发现痛苦背后意义的潜力,这样,我就可以把明显毫无意义的痛苦转变成人类真正的成就。我深信,任何情况本身都孕育着意义的种子。[9]

战后，弗兰克尔回到了维也纳，成了维也纳大学医院的神经门诊部主任，他在这个岗位上工作了二十五年。与此同时，他也开始了一段漫长而辉煌的学术生涯，他曾被邀请到维也纳大学、哈佛大学以及其他世界名校讲学，被授予了二十九个荣誉博士学位。他一生撰写了三十二本著作，已被翻译成二十七种语言，其中《活出生命的意义》被美国国会图书馆誉为"美国十大最有影响力的书之一"。弗兰克尔曾经对毫无意义的生活感到绝望至极，也奋力与涉及简化论、虚无主义人生观的悲观主义思想做过斗争。正因为弗兰克尔经历了绝望和斗争，所以他才能完整地创建和完善意义疗法治疗体系。1980年，在圣地亚哥举办的一个学术会议上，弗兰克尔说有人试图动摇他对生命的意义的信念，对此，他予以有力的反驳，就像雅各布与天使之间的斗争那样，最后，对方不得不认可"无论如何都要向生命说'是'"。十分有趣的是，《活出生命的意义》的早期版本的标题采用的正是这句引文。

1992年，维克多·弗兰克尔研究所在维也纳成立。今天，该研究所依然是一个研究培训机构和学术社团全球网络中心，主要致力于推广弗兰克尔的哲学思想、意义疗法治疗体系和存在分析方法。1997年9月2日，弗兰克尔安然离世，享年九十二岁。直到生命的最后时刻，他还依然保持着强烈的创新意识、极高的工作效率和饱满的生活热情。

意义反思

意义时刻练习

回忆你在生活或工作中感到困惑、约束或压抑的一种情况。或许你只是觉得没有自由或权利去按照自己理想的方式去处理问题。如果你真的遇到了这样的问题,那么你是怎么处理的?当你回想当时的情景时,你认为自己从中学到了什么?现在来看,你原本可以采取什么不同的做法?

意义问题

- 想一想你在生活和工作中遇到过的困难。弗兰克尔在集中营的经历对你应付这些困难(消除过去不好的回忆、迎接现在或未来的挑战)有何帮助?
- 你对自己真正喜欢的工作或生活有何设想或憧憬?

意义主张

我要真的享有自由,我一定要倍加珍惜自由。

第三章
原则 1　自由地选择你的态度

生活的艰难和困苦可以剥夺人类的其他一切，但唯独剥夺不了人类最后的一点儿自由，即人类无论在何种境况下都有选择处世态度的自由和选择自己行为方式的自由。[1]

人类天生就是习惯性生物。我们在寻找可以预见的舒适安逸的生活时，通常会采用常规做法，且在大部分情况下，我们主要依靠后天习得的思考方式去做。在草地上走的人多了，就会开辟出一条新路。实际上，我们大脑中思维路径的形成过程也是如此。由于这些思维模式是自动形成的，这或许会让我们认为，我们无法对这些习惯性的思考和行为方式进行控制。所以，我们会为自己应对生活的态度和做法进行辩解，甘愿受各种力量的束缚，无法发挥自身的潜力。我们认为自己无能为力，在本能的驱使下，看不到创造或者至少是共同创造有意义的生活的可能性。相反，我们把自己关进了心灵的囚牢，对我们自己的潜力和别人的潜力一概视而不见。事实上，我们变成了自己思维的囚徒。

但是，我们可以改变自己的思维模式。我们可以通过寻找意义，摆脱现有视角的束缚，找到打开心灵囚牢大门的钥匙。一旦我们真的意识到，我们的确拥有选择态度的自由，以更好地应对生活中发生的事情，我们就会改变自己的看法。

每一个人的内心都有一个集中营……我们必须用人类的宽容和耐心去面对。因为我们的宽容和耐心，我们会成为自己希望成为的那种人。[2]

对于我们每一个人而言，只有我们自己才能承担起选择态度的责任，我们不能把这份责任转嫁给别人。我们不仅要在生活中，更要在工作中承担起这种基本责任。多年来我已经向各类企业和政府客户反复强调过这一点，特别是当一些员工（包括高管和经理）只是抱怨他们的工作条件，却不主动采取措施改变现状的时候，强调这一点就显得非常必要。众所周知，人们总是习惯性地用这种消极心态来看待他们的工作或职业。

让我们以鲍勃为例来说明一下吧。在很多人眼里，鲍勃是一位十分成功的银行高管。然而，他的工作经历却是一波三折，富有戏剧性，这让他很有压力。鲍勃对自己的工作几乎没有积极或乐观的态度，这也影响了他的生活态度。他总是不停地抱怨自己承担的职责以及同事、客户、社区和工作中的其他事情。鲍勃的同事和家人听到的只有他的痛苦、消极和绝望的感受。遗憾的是，鲍勃似乎看不见而且也不愿意承认这一切都是他自己造成的。他无休止的抱怨不仅妨碍了自己的工作晋升，还给自己的家庭生活带来了负面影响。他的朋友们不想再被他的负面情绪影响，所以渐渐与他疏远。他的家人尚且还能忍受，但他们的坚持也只是出于爱与责任，与他相处的过程中肯定毫无欢乐可言。

在饮水机旁抱怨工作太痛苦，或者在办公室开设一个"牢骚俱乐部"，只能让我们有暂时的志同道合之感，却不能促使我们或他人去发现意义。有人认为工作既没有意思又无法让人产生成就感。这种想法对我们影响很大，使我们无法找到工作的意义。一旦抱怨变成一种习惯，我们就会习惯性地认为工作毫无意义。要不了多久，我们就会更加怨天尤人，最终失去所有宝贵的机会，体会不到工作经历其实是生活中丰富多彩的一部分。我们不仅没能利用时间去发现意义，反而在工作和生活中频繁抱怨。抱怨时，我们切断了与别人的联系。抱怨时，无论我们抱怨的是什么事情，也不管我们抱怨的是谁，我们都会把抱怨对象当作自己的挡箭牌。这样一来，我们就会永远陷在受害无助的状态中不能自拔。

那么经常抱怨的人该怎么办？首先，要知道自己抱怨的时刻和原因。其次，马上停止抱怨。这并不是说，我们不能偶尔抱怨一下自己的工作，而是说我们知道了何时该抱怨，而且我们主动选择了抱怨，选择了消极态度。这也并不是说，我们可以否定自己的烦恼、悲伤和忧愁，赞同某种盲目乐观的世界观。维克多·弗兰克尔肯定也有抱怨的机会，他也可以选择一直消极下去。然而，弗兰克尔并没有这样做。他对令人绝望的黑暗生活进行了挖掘，并从中发现了意义。他没有创造意义，意义就在那里等着他去发现。弗兰克尔有过被关押在纳粹集中营的经历，所以他非常清楚不可避免的痛苦折磨背后所隐藏的意义。他也知道，最黑暗的人类行为与最明亮的人类希望之光同时并存。他深深意识到了这两种潜在的可能性，这种意识加深了他对人性的理解，并在他身上形成了一种坚定持久的信念。他曾亲眼看见人们在最险恶、最堕落的环境下站起来，把自己所有的一切都送给了别人。维克多·弗兰克尔每天都可以看到人性的显现。

如果我们能意识到，我们始终都有选择态度的终极自由，我们就可以自由选择，既可以选择消极态度，也可以选择积极态度。通过释放积极态度，我们就能释放能量，从而与别人建立更有意义的联系。当我们与别人真正建立了深层人际关系之后，我们就创造了一个互相扶持、潜力无限的新型共同体。如果我们建立了这种真实的联系，就肯定能找到意义。意义等着我们去发现，它就在饮水机旁边，在电梯里，在隔间里，在出租车里，在公司的董事会会议室里。如果我们敞开心扉去接纳意义，停下来并以一种有意义的方式去欣赏自己和别人，马上就会提高我们周围人的生活质量和我们自己的生活质量。

真正的自由

纳尔逊·曼德拉是南非第一任黑人总统，也是诺贝尔和平奖的获得者。他的一则励志小故事可以很好地说明个人自由和监禁之间的关系。曼德拉年轻时就曾努力奋斗，致力于改变抑制南非经济和政治发展的种族隔离制度，促进种族平等。1962年，他被捕入狱，被指控密谋推翻国家政权，并被判处终身监禁。在南非人民以及国际机构持续高涨的舆论压力之下，曼德拉终于在被囚禁了二十七年之后，于 1990 年获释。

曼德拉被释放的那一天，时任美国阿肯色州州长的比尔·克林顿正好看到了这则消息。他马上给他的妻子和女儿打电话说："你们一定要看看，这真是一个历史性的时刻。"当曼德拉从监狱走出来面对国际媒体时，克林顿发现，曼德拉注视着大家，脸上有一丝愤怒，但很快就消失了。后来，克林顿成了美国总统，曼德拉也成了南非共和国总统。两位领导人相见时，克林顿向曼德拉说起了曼德拉获释时他观察到的表情变化。克林顿总统非常诚恳地请曼德拉解释一下那一天他情绪起伏的原因。曼德拉总统回答说："是的，你说的对。我在监狱时，监狱中一名看守的儿子开办了一个《圣经》学习班，我也参加了……那天，当我走出监狱看到大家都在看我时，再想到是他们剥夺了我二十七年的自由，我就怒气冲天。可是耶稣的灵对我说，曼德拉，在监狱时，你就是自由的。现在你自由了，不要再次成为他们的囚徒。"[3] 没错，离开监狱后，曼德拉再次成为民族和解的典范，他没有表现出丝毫的复仇心理或消极情绪。他很清楚，选择态度的自由是人类最基本也是最重要的自由之一。

真正的超人

克里斯托弗·里夫就拥有这种自由。里夫很早就在百老汇成名。此外，他还因在1978年的电影《超人》中扮演男主角而名扬天下。在他四十二岁时，他的演艺前途一片光明，生活充满了无限可能。他热爱生活，总是怀着满腔的热情去体验生活。里夫是一个全能型的运动员，他不仅喜欢帆船，而且在骑马、滑雪、滑冰和网球方面，他的技艺也很精湛。然而，就在1995年阵亡将士纪念日的那一天，里夫在同死亡做斗争，全世界的人都在屏息等待。因为里夫发生了意外，他从马上摔了下来，摔伤了脖子，全身无法动弹，他甚至无法呼吸。就这样，曾经的超人变成了四肢瘫痪的残疾人。

但是里夫在自传《我还是我》(Still Me) 中这样写道："我认为英雄也是普通人，只不过他们在遇到巨大的困难时，总能找到力量坚持不懈，忍耐到底。"[4] 他的自传很畅销，名字起得也恰到好处。因此，真正的超人的故事还在继续。事故发生后的几年里，里夫不仅活了下来，而且还生活得很好，他不仅为自己，为他的家人，也为美国和全世界成千上万脊柱损伤患者在努力奋斗。事故发生后十个月，里夫作为励志楷模，接受了《拉里·金直播》节目的采访。在采访中，他表示，在面对自己的遭遇时，他选择的是积极乐观的态度。他说："我是一个非常幸运的人。我还可以在国会前做证。能筹集资金，我能提高人们的意识。"[5] 克里斯托弗·里夫非常感激他的妻子达娜和他的三个孩子，因为是他们帮助他摆脱了绝望无助的泥沼。"生活中你所学到的东西，比如体育、电影……那些体现不出你生存的本质。"他说，"我与亲人的关系一直不错，现在这种关系又有了新的飞跃。所以，我可以直言不讳地说，我是一个幸运儿。"他接着还说了下面一段意味深长的话。

灾难降临时，你很容易为自己感到伤心难过而忽略周围的人。但是只有你的人际关系才能帮助你摆脱痛苦。所以，摆脱痛苦或困扰的方法是，多关心你的小孩需要什么，或者你的青春期的孩子需要什么，或者你周围的人需要什么。虽然这么做很困难，你需要常常强迫自己去这样做，但这是摆脱困境的方法，至少我发现这是一种有效的方法。[6]

克里斯托弗·里夫行使了自己选择生活态度和工作态度的自由权利。这一事实促使他在未来的人生道路上敢于采取大胆措施去应对无法预见的变化。这样一来，他不仅成功摆脱了自己四肢瘫痪的痛苦，而且还展示出很强大的自愈潜力，找到了一种鲜为人知的发现真正意义的方法。此外，他的有意识的选择也在善意地提醒我们，我们不应该想当然地生活，而应该热爱生活，使自己的生活过得充实，在生活中保持好奇之心和感激之情。[7]里夫选择了积极的生活态度，他于2004年去世，享年五十二岁。

里夫对别人来说是一个励志的楷模。最重要的是，他的积极乐观的态度直接影响到他的妻子达娜。在他骑马摔伤后近十年的时间里，他的妻子一直在精心照顾他。后来，他的妻子也遇到了不幸。虽然他的妻子从不吸烟，但却在2005年8月被确诊患了肺癌。面对自己遭遇的不幸，她选择坚强勇敢地生活。当她被问起为什么会对生活如此乐观时，达娜回答说，她有一个"好老师"，她的丈夫就是她的"好老师"。美国女演员、歌唱家和残疾人事业活动家以及名副其实的超人的妻子达娜于2006年3月6日病逝，享年四十四岁。

学会应对

我们每个人的一生都会有快乐和悲伤的时候。尽管我们都希望自己只有快乐的经历，但是我们都知道，要过充实的生活，我们必须做好准备应对挑战和痛苦。生活总是充满了对立，比如白天与黑夜、疾病与健康、善与恶、富有与贫穷等。这种对立对我们很有益处，因为它们能帮助我们界定和对比事物。我们只有知道事物的一面才能去了解它的另一面。生活需要我们拥抱欢乐和挑战，而不只是装模作样走个过场。我们应该拥抱生命的全部。我们应该在一生中培养自己的适应能力和应对技能，以面对生活的所有挑战，真正体会意义的重要性。

维克多·弗兰克尔就是最好的例子。如果他对生命没有清晰的认识，不知道欢乐和挑战也是生活的一部分，他可能就无法在经历了集中营那种惨绝人寰的生活条件后仍能幸存下来。如果他在到达奥斯威辛集中营之前没有明确的应对态度和信念，他就不可能对自己生存的可能性保持乐观积极的态度。

如果有百分之百的可能性是我即将被当场处死，我就不可能在这个集中营度过我的余生。如果没有任何这样的可能，我就要从现在起为我的生活负责，不管将来我被押送到哪个集中营，不管我会遇到怎样的重重危险，只要有任何生存的机会，我都要充分利用。可以说，这是一种应对态度，但不是一种应对机制，它是我当时选择信奉的一句应对格言。[8]

弗兰克尔所说的"应对格言"是指一套帮助他战胜可怕挑战的重要的基本原则或行为准则。他事先做出了负责任的选择，切实承诺坚持生存所必需的基本生活态度，所以他自信满满，坚信能够应对困难，在集中营多活一天。

无论是在生活中还是在职场中，有些人总是比别人更能轻而易举地应对境况变化。在很多情况下，那些最能干、最有责任心和适应能力最强的人，都采用了某种应对格言（应对的整体信念）、应对信心以及应对技巧，引导他们战胜了生活的挑战，继续为现在和未来更有意义的事情而奋斗。重要的是，我们应该自问一下：我们的应对格言是什么？我们对自己应对挑战的能力有没有信心？

真正的乐观主义

　　真正的乐观主义者不只有积极向上的想法。当我们最初面对生活和工作的挑战时，积极肯定的格言（在本书每一章最后都提供了这样的格言，句子的开头都是"我要……"）对我们非常有用，甚至十分有益。但是，积极的格言就像美好的愿望一样，它们本身还不足以让人成为一个乐观主义者。要想成为乐观主义者，我们还必须做到另外两点。第一，能够预见自己的态度选择带来的后果以及各种应对的可能；第二，更为重要的是要有采取行动把可能变成现实的热情。换句话说，如果根据我所说的"真正的乐观主义"来选择我们的态度，那么实际上我们做了三个选择：

　　1. 我们选择了积极的态度来应对当前的境况。
　　2. 我们选择对可能发生的事情创造性地进行设想。
　　3. 我们选择的态度激发了我们采取行动的热情，将可能变成现实。

　　我们每个人都有做出这些选择的自由，但令人吃惊的是，我们却很少这样做。我们要么有意放弃自己的选择需要承担的全部责任，要么无意识地选择继续保持僵化教条的思维模式，这无助于实现人类最崇高的目标。总之，我们成了自己思维的囚徒。

在寻找生活、工作的意义过程中，我们也了解到一些饱受旧习惯束缚的客户、同事、朋友和家属的故事。他们对工作或生活总是表现出一种消极态度，让人觉得他们永远都不会对明天有任何美好的设想。或许他们对未知的东西充满了恐惧，所以才会选择保持一成不变，从而有效地规避未知风险。悲观绝望让他们觉得选择态度和未来的终极自由似乎与他们毫无关系。同样，对他们来说，幸福充实、有成就感的生活也是遥不可及的。让我们以汤姆为例。汤姆对工作不满意，多次说过要离开公司，但他自己一直没有下定决心辞职。因为他无法对未来进行大胆设想。他甚至想象不出自己做其他工作是什么样子。

但有一天，汤姆的公司决定裁员。与其他人一样，汤姆在公司忠心耿耿地工作了很多年，结果还是被解雇了。汤姆起初并不同意公司的解雇决定，他认为自己的价值既没有得到公司的认可，也没有被充分发挥。不过，他仍然觉得除了接受失业的现实继续生活之外，他别无选择。汤姆最后接受了公司的决定，强迫自己改变了态度。他说："或许不确定性才能更好地发挥我的潜力。"汤姆被迫迈出了一大步，改变了自己对自由的态度。他对重新获得的自由保持积极乐观的态度，并对未来的工作产生了各种设想。他现在正在综合考虑那些能激发他的工作热情、反映他的价值观，并且与他的兴趣一致的工作机遇。不过，具有讽刺意味的是，在公司决定解雇他之后，他才意识到转变态度的必要性，才开始寻找与自己的兴趣契合的更有意义的工作。

有大量的文章都在写退休以及退休给人的生活态度和动机带来的负面影响。这可能与退休这个词有关系，退休的字面意思是"退出"。在我们看来，相对于较大的更为重要的生存挑战（我怎样才能更好地在余生寻找到深层意义？），我们过于关注退休的财务问题（我在死亡之前是否有足够的钱来支付我的费用？）。本章开始讲到"如何成为一个真正的乐观主义者的三个步骤"对我们步入老年的人生阶段也很适用。

下面就以我的好朋友和同事丽贝卡为例。丽贝卡的一生可谓饱经沧桑，历经坎坷，但她总是能看到生活中好的一面。她选择的工作可以展现她的创造才能，她还成了别人获取启发和灵感的源泉。作为一位创意顾问，她建议个人和组织机构走出"我习惯了那样做"和"这肯定不行"的思维模式，去探索其他的方法。她很喜欢自己的工作，因为她的工作能滋养她的灵魂。当她看到客户取得了创新思维突破的时候，她感觉工作给她带来了很多的快乐。

不幸的是，丽贝卡由于严重的髋部损伤，不得不坐上了轮椅。轮椅限制了她的行动自由，她无法四处走动以及继续过积极忙碌的生活。更严重的是，她无法去拜访自己的客户。但她并没有因为伤痛而止步不前，她对成为一个真正的乐观主义者的三个步骤有十分深刻的认识。

1. 她面对自己的身体伤残，选择了积极的应对态度。

2. 她选择了设想其他可能的创造性的表达方式，包括开始把创造性的思维方法写成日志发给自己的客户。

3. 她选择的态度激发了她采取行动的热情，这种热情没有让她一蹶不振或自艾自怜。

丽贝卡除了采取积极乐观的思维方式，还在困境中选择了行使选择权利的自由。所以，她以全新的方式创造性地延长了自己的生命。她在八十九岁高龄做到了这一切。

还有一个人也向我们证明了真正的乐观主义者的永恒智慧。他就是拉尔夫·沃尔多·麦克伯尼，朋友们亲切地称他为"沃尔多"。2006 年 10 月，沃尔多被"经验有用"机构认定为美国年龄最大的工人。一百零四岁时，沃尔多因为长寿和敬业精神被誉为"国家象征"。沃尔多酷爱跑步，他在田径比赛中创造了很多世界纪录，他过完一百零一岁生日后还在参加竞赛。不过，沃尔多做的最了不起的一件事是，他在 2004 年出版了第一本书《我的第一个 100 年》(*My First 100 Years*)。就连这个书名都让人感觉很励志，他是一个真正的乐观主义者。沃尔多于 2009 年 7 月离开这个世界，享年一百零七岁。沃尔多虽然离开了我们，但是他积极向上的生活态度将会永存。当我们听到有人说自己年龄太大，没法开始学习新东西了，我们就可以告诉他们丽贝卡和沃尔多的故事。这些想法和态度有很大的关系，关系到你是否能成为一个真正的乐观主义者。

十大积极结果练习

"十大积极结果练习"是我们强化和应用"行使自由选择权利"原则最简单但却最有效的工具之一。首先，你可以假想一种压力很大、情绪很消极、非常具有挑战性的生活或工作状态。写下这种状态可能会为你带来或已经带来的十个积极结果。把你想到的东西都写下来，不用考虑现实或它是否能被社会接受。能超过十个更好，写得越多越好。你可以自由地界定什么对你来说是"积极的"结果。写完了积极结果清单之后，认真地看一下，思考如何让这些结果变成现实。这需要你放弃当前闭塞或陈旧的思维方式，摆脱失望或绝望，甚至消除愤怒。不管你的个人境况如何艰难，这个练习都能帮你变得更加乐观。

"十大积极结果练习"可以应用到很多场合。让我们根据下面的指令来做一个练习：假如你今天死了，请列出你死亡的十个积极结果。大多数人不习惯讨论、思考和探讨某人死亡的积极结果，更不要说探讨自己死亡的积极结果了。我们与很多小组一起做过这个练习，可以肯定的是，一旦人们克服了最初的抗拒心理之后，就会感到放松，并饶有兴趣地尝试在最具灾难性的情境中去寻找积极结果。许多人已经开始在某种与自己的死亡同样恐怖的事件中看到一线光明或希望。有一次，一个参与者说出了这样一个积极结果："我妻子终于可以如愿以偿，嫁给她最想嫁的人了。"

如果我们能从自己的死亡中发现某种积极结果，那么就能更加轻松地找到职场和家庭生活带来的积极结果。如果你正处在各种不利的环境中，比如失业、车祸等，你就可以借助这个练习寻找积极结果。你可以试着按照下面的做法去做：

・假如你今天失业，列出失业会给你带来的十个积极结果。

・假如你所在的部门被撤销了，列出部门撤销会给你带来的十个积极结果。

・列出生产线发生故障会带来的十个积极结果。

・列出预算被削减 20% 会带来的十个积极结果。

・假如你发生车祸，列出车祸会带来的十个积极结果。

・假如你的信用卡丢失，列出信用卡丢失会带来的十个积极结果。

・如果你今天失恋，就列出失恋会带来的十个积极结果。

・如果你的体重增加，就列出体重增加会带来的十个积极结果。

我们可以从很多不同的角度去看上述每一种情景。不管面临多么令人绝望的处境或条件，我们总能找到积极的结果，并对其予以关注。如果我们能从全新的角度去看待自己的处境或条件，就会发现很多新想法、新方案和新机遇。我们分小组做了积极结果练习，其结论表明，当他们对自己、对彼此、对所处的情景有了新的认识，他们之间的正能量就会显著增加。他们每个人都学会了如何把自己从自我设置的思维囚笼中解放出来，所以，他们承认不管境况如何，我们最终都有选择态度的自由。

积极结果练习的具体应用

我们已经把"十大积极结果练习"有效地应用到了许多不同的生活和工作情景之中。在这部分，我们主要给大家介绍三个实例。第一个案例与我们在阿拉斯加州和美国林务局举办的客户培训课程有关。培训课程为期两天。第一天培训结束时，我们亲耳听到一位不愿参加培训的参与者保罗说，他对培训一点儿也不感兴趣，感觉这跟他并没有关系。当天下午我们给他们介绍了十大积极结果练习，并进行了实践演练，很明显，保罗对其确实不感兴趣。

第二天一早我们回到培训馆时，却发现保罗坐在两位女学员的身旁，有说有笑。我问他发生了什么事。他说昨天培训课结束后他就回家了。回家后他才知道，十几岁的女儿的舌头被穿了一个洞，且女儿在向他夸耀自己嘴里的那个新舌钉。他当时大为震惊，很生气，心里也很乱，于是他和女儿、妻子发生了争吵。总之，那一晚他和他的家人度过了可怕的难眠之夜。当他回到培训馆来上培训课时，面容憔悴，心情低落，他向两位女同事讲述了事情的原委。他的同事马上建议，让他列举出他的痛苦经历带来的十大积极结果。她们齐心协力，帮保罗发现了很多潜在的积极结果（例如，他的女儿还活着，她没有未婚先孕，她没有坐牢，她把实情告诉了父亲等）。保罗从这些积极乐观的结果中，对他的女儿甚至培训课都有了全新的积极认识。这个练习让保罗重新获得了客观正确的认识，让他明白了他女儿的情况还不算太糟。所以，保罗很快就改变了自己对打舌钉的态度。

第二个例子涉及我的一段独特的经历。有人曾请我（亚历克斯）在一个州监狱为囚犯开办一个讲习班，专门讨论本书提出的几个原则。同一些真正的囚犯讨论如何挣脱自己内心思想囚牢的束缚，这个想法本身对我来说既是一个难得的机遇也是一个挑战，因为有很多囚犯在监狱里已经服刑多年。"好，大家请注意，现在我希望你们列举出在监狱服刑的十大积极结果。"我对二十四个囚犯说。他们就像看精神病那样看着我。当时那个屋子主要是为了教育和培训目的而设计的，桌子被围成了一个圆形，囚犯们围坐在桌子旁开始写。每个参与者都拿到了一叠纸和一支铅笔（讲习班结束时出于安全考虑马上收走了他们的纸和笔）。虽然有些囚犯在抱怨，有些囚犯觉得做这个练习很好笑，但他们都以这样或那样的方式参与了这个练习。

不出所料，有些参与者没能发现监狱生活给他们带来的积极结果，至少在他们听到自己的狱友所说的积极结果前，他们并没有发现任何积极结果。有些人在做这个练习的时候表情很严肃。

其他人则尽情发挥着自己的想象力,而且还带有一种幽默感,即使幽默在这种情况下可能显得有点儿不合时宜。下面是他们分享的部分积极结果:

- 自从被关进监狱,我已经不能再给社会造成危害了。
- 我现在知道了后半生不想做的是什么。
- 我可以成为别人的榜样,可以教育他们不要重蹈我的覆辙。
- 我不再无家可归了。
- 我知道了谁是我真正的好朋友,谁是我的假朋友。
- 我获得了重生,我现在比以前任何时候都更珍惜生命和自由。
- 我开始很努力地工作了。

当然,这些反思只是参与者所分享内容的一小部分。这个练习减轻了屋子里囚犯的思想负担,触及了他们的人性。他们不必再像囚犯那样思考和做事,每一个人都可以去体会,甚至可以幽默地跟别人分享自己的真实情感。反过来,这种经验体会可以促使每个人去发现各自生活困境中好的一面,也就是有些人所说的"一线希望"。他们接受了挑战,不再做自己思维的囚徒。所以,尽管所有囚犯都无法逃离真实监狱的束缚,但他们都有机会自由地选择自己的态度。

第三个"十大积极结果练习"实例涉及本书早些版本的一位

忠实读者马克。马克面临困境，因为他得知与他相濡以沫二十四年的妻子被确诊患上了乳腺癌，并且肿瘤是恶性的，已经扩散到了其他两个部位，其中一个部位的癌细胞是侵入性的。马克几乎崩溃了。刚开始他感到很震惊，不敢相信甚至拒绝相信这是事实，后来就陷入了他所说的"极度恐惧焦虑"之中。在知道妻子病情后的几天里（也是他"一生中最漫长的一段时间"），马克一直哭个不停。总之，他不知所措。

绝望中，马克想起了十大积极结果练习，他决定和妻子一起放手一试。感谢他们的分享，下面是他们分享的十大积极结果中较长的一部分，主要是从马克的视角来写的。

1. 我妻子是独自一人去看活组织切片检查结果的。刚开始，我很生气，因为我觉得她应该让我陪她去才对。后来，我意识到，她不让我陪她去，恰好说明她很勇敢。她打电话给我的一个同事，请他去我的办公室陪我，这样，她打电话告诉我这个坏消息时，我就不那么孤单了。能够有一位如此关心我、体贴我的妻子，我真的感到三生有幸。

2. 两年前我经历了一次严峻的挑战，做了一个双髋关节置换手术。从做手术到恢复，前后花了大约十二周时间。而一般人需要将近一年时间才能完全恢复。那段时间，我抓紧机会减轻体重、增强体质，基本恢复到了以前的健康状况。有时候我会莫名其妙地想，是不是所有事先发生的这一切都是在为未来的战斗做准备。

如果需要我在身体上有所准备的话,那么现在我已经准备好了。

3. 家人、邻居和朋友已经团结起来,形成了一个同心协力的团队,都投入了挽救我妻子生命的战斗中。看见那么多人在支持和关心我们,我感动得有些说不出话来。我的妻子得到那么多人的关爱,我也因此成了他们关心支持的对象。

4. 好像我的一生就是在为这个考验做准备。令人不可思议的是,我觉得这恰恰就是对我的考验。没错,我害怕极了。但是不管结果如何,我已经决定与她并肩战斗。

5. 我天生多疑,还有点儿悲观。现在,我的妻子让我帮助她增加她对于命运不公的怨气。她想同癌症做斗争,想让我激发她求生的意念。现在真的是天赐良机,让我能够日日夜夜分分秒秒坚持不懈地保持积极心态。如果我曾有过忍受恐惧,以及不受恐惧困扰而继续保持积极心态的时候,那就是现在。

6. 她和我都证明了我们有多恩爱,但是在以后的日子里,我们只会更加恩爱。爱真的是一种极其神秘的东西。

7. 我们人类倾向于把生命周期看作一个从儿时到晚年的叙事弧。人生故事在展开过程中受到干扰就会被看作悲剧。或许并不尽然,或许宇宙是因为善而存在。或许宇宙的一切都是关于人类在演化发展中如何发现并创造爱与意义的,因为那是上帝本性的自然流露。如果是这样的话,那么我的妻子已经通过生儿育女、结交朋友以及与我缔结姻缘,成功地创造了爱和意义。这一点永远不会被毁灭,而且会永远存在下去。

正如弗兰克尔所言，人们接受命运的方式，接受那些无法掌控的事件的方式会让他们的生活更有意义。马克和他的妻子已经很好地证明了这一点。他们在无法逃避的痛苦经历中发现了新的意义，使自己的生活过得很充实。马克和妻子在继续同疾病做斗争和寻找康复之路的过程中，这种意义一直与他们相伴，为他们提供必要的支持和力量。

选择态度的自由

有一天，我（亚历克斯）与本书早些版本的一位读者进行了交谈。这位读者是一位外科医生。他说："亚历克斯，我真的很喜欢你的书。但我有一个问题。我真的不明白第一个原则（自由地选择你的态度）的含义。如果我已经有了态度，为何还要去行使这个选择态度的权利？"显然，这位读者并没有掌握这个原则的核心意义。幸运的是，在我与他经过一番交谈之后，他逐渐明白了这个原则的内涵。从那以后，他就开始运用这个原则，并有效地解决了自己在医学实践和生活中遇到的挑战。正如弗兰克尔所说：

然而，自由作为一种人类具有的权利，太能体现人类的本性了。人类的自由是有限的，因为人类并不是完全不受环境的制约。但是人类可以自由地选择对待环境的态度，因为环境并没有完全限制人类。在一定程度上,应该由人类决定是否要向环境屈服和投降。人类最好能超越环境,这样就可以开辟道路进入人性层面……最终,人类不会受到他身处的环境的限制,相反,这些环境会被人类的决定影响。无论是有心还是无意,是挑战环境还是屈服于环境,让自己随意受环境的摆布,都取决于人类的决定。[9]

  人类不可能不受条件或形势的制约。但重要的是,我们可以选择如何应对,我们至少可以选择应对的态度。用弗兰克尔的话来说,这不仅是我们作为人类应该拥有的权利,而且还是整个人类实现自由的途径。我们所要做的就是抵抗诱惑,不再做自己思维的囚徒,而且无论如何都要选择这种自由。

意义反思

意义时刻练习

想象你正面临一件很有挑战的事情，写出这件事情可能带给你的十大积极结果。然后你可以浏览清单，看看这个清单中有哪些新的想法和视角，能帮你找到应对挑战的新方法，从而改变你对挑战的态度。

意义问题

- 你是如何应对职场和个人生活中他人的消极情绪和抱怨行为的？
- 你爱抱怨吗？为什么你会抱怨？你的抱怨会带来什么结果？你愿意改变自己的态度吗？如果你愿意，你会采取哪些措施来改变你的态度？
- 你在个人生活和工作中是如何保持积极乐观的态度的？

意义主张

我要选择积极乐观的态度，为明天绘制蓝图，然后采取行动把蓝图变成现实。

第四章

原则2　实现有意义的目标

一个人如果能意识到，他对深情等候他的人或一件未完成的工作负有不可推卸的责任，那么他就永远不会浪费自己的生命。他知道自己"为什么"而存在，因此为了知道"如何"更好地生存，他能承受一切。[1]

"哇，我太开心了。"奥利维亚欢呼，"我一直想要一块劳力士手表。现在终于如愿以偿，我现在迫不及待想给朋友看看。"相信很多人都能理解得到某件心仪的新东西会令人何等兴奋。特别是如果我们对某个东西期盼已久，得到它之后就会更加兴奋。这是因为承诺和对快乐的期待吸引着我们。但快乐本身十分短暂，常常难以捕捉。尽管我们会对得到某种令我们感到愉悦的东西兴奋不已，但兴奋劲儿很快就会消失，我们最终可能还会感到不满。许多人都陷入了这样一个恶性循环——他们刚开始陶醉在对快乐的期盼中，然后为事情的进展和实现高兴激动，但当他们的新奇心理消失时，就会悲观失望，而当他们再一次寻求快乐的高峰体验时，就像是坐过山车一般，这已经成了一种恶性循环。这让我想起了希腊英雄西西弗斯。西西弗斯奉诸神之命把一个巨石推向山顶，结果在最后的关键时刻石头从手里滑落，滚下山坡，如此周而复始，劳苦不已。同样，我们在追求幸福和快乐时，生活会变成一件永远枯燥乏味的事情。

享乐意志

　　幸福和快乐是生活中必不可少的一部分，但问题是，它们只是人们的瞬间感受，来去匆匆，且完全取决于具体情景。我们或许会在人生的某个时刻感到满足快乐，但这种满足和快乐只是一种感受，我们并不能领会其深层或内在意义。幸福和快乐只是暂时的，它们会随着追求目标的变化而不断变化，且受到外部环境、事件的制约。只注重享乐是有害无益的。如果只图享乐，那么我们在与别人的交往中就会避开冲突或矛盾，选择掩盖问题。但是，这样我们就无法与别人进行交流，而只有交流才能实际促使我们与别人建立真正的人际关系，帮助我们在精神和感情方面真正成长。如果只图享乐，那么我们可能会错失良机，无法锻炼或强化自己的适应能力和应对能力，学会应对挑战必需的应对技巧。

　　说起享乐，很多人都会提到古希腊哲学家伊壁鸠鲁，把他与享乐主义联系在一起。享乐主义被定义为按照一种能让自己从生活中得到最大快乐的方式去生活。享乐主义者是出了名的生活艺术鉴赏家，他们的特点包括过度沉迷于饮食，生活颓废。事实上，伊壁鸠鲁最初的哲学思想是，快乐的生活就是我们摒弃了多余的欲望，只关注自己内心的安宁或平静，满足于简单的生活。伊壁鸠鲁认为，我们应该选择去建立深厚的友谊，而不是追求美食、好酒和性生活给我们带来的短暂的快乐。他还暗示我们，实现真正快乐的方法就是生活朴素，控制自己的欲望。伊壁鸠鲁哲学思想中的一个基本信条是，我们可以通过避开痛苦来实现快乐。（这个信条或许已经让你对他的学说有些迷惑不解了。有些人可能已经将这个信条理解为，为了避免痛苦，比如饥饿之痛，他们应该沉迷于甚至过度沉迷于美食。随着时间的流逝，这种沉迷于美食的误解，在我们传承伊壁鸠鲁享乐思想的过程中会显得十分突出。）

奥地利维也纳的西格蒙德·弗洛伊德是维克多·弗兰克尔同时代的人，也是弗兰克尔的早期导师。弗洛伊德也关注享乐，他把追求享乐看成人类生存的主要动机。弗洛伊德在写到"享乐原则"时，也像伊壁鸠鲁一样暗示我们，人的意识会自然而然地或本能地选择最大限度地享受快乐、避免痛苦。他认为，人生来就需要通过追求享乐来不断获得满足感，只有认清了这一点，只有等我们逐渐成熟，我们才能学会阻止或延迟满足这种基本的人类需要。弗洛伊德是精神分析法（一种通过病人和心理治疗师进行对话来诊疗的方法）的创始人，他花了数年时间来考察享乐意志，认为享乐意志是人类动机理论不可分割的一部分。

维克多·弗兰克尔与弗洛伊德及其理论的大部分支持者不同。他选择了另一条道路。他在人类动机和精神分析实践方面创立了自己的理论流派。他没有追随"最简主义"人性观，这种观点只关注人类动机和本能的满足，比如与享乐意志有关的动机或本能的满足。弗兰克尔坚信，人类实现意义意志的潜能（也就是真正恪守对有意义的价值观和目标的承诺）是人类主要的内在动机。

换句话说，弗兰克尔是在从一个整体的视角审视人类的处境。他并不赞同弗洛伊德的观点。弗洛伊德认为，人类的行为就像迷宫里的老鼠，只是他所说的本能驱使下的"二次合理化"。[2] 因为在精神疗法的目标方面，弗洛伊德和弗兰克尔的哲学思想和研究视角存在严重分歧，所以最后两人不得不分道扬镳。

权力意志

阿尔弗雷德·阿德勒也是一位维也纳精神病学家，同时还是弗兰克尔的早期导师。阿德勒创建了一个精神治疗流派，该流派认为意义意志才是人类动机的主要驱动力。阿德勒还是个体心理学的创始人。他坚信，人们生来就有一种自卑感，所以会用一生的时间来获得优越感，以克服自卑感。其实，意义意志认为，人类有影响和控制他人以及环境的需求，人类受到这种需求的驱动而影响和控制他人。然而，弗兰克尔认为，阿德勒的意义意志与弗洛伊德的享乐原则（享乐意志）十分相像。阿德勒无休止地重复追求权力的主张恰恰表明他的内心已经缺失某种东西，这种做法真的只是在掩饰现实罢了，但无助于填补内心的空虚。

在当今社会，恃强凌弱是滥用权力的主要表现。恃强凌弱者是指使用武力、威胁、操纵和胁迫方式试图恐吓或控制他人的人。校园和职场的恃强凌弱事件的报道数量在不断上升。恃强凌弱者会使用各种权力战术，比如四处散播恶毒的流言蜚语、大肆批判诋毁他人、占用资源或信息、排除异己，以及做出一些其他卑鄙行为，目的就是要削弱别人的信心，破坏别人的表现。

弗兰克尔认为，不择手段地、无休止地追求财富也是一种十分原始的意义意志。在我们的文化中，很多人都已经习惯性地认为拥有金钱和物质是成功的象征，而且越多越好。拥有金钱和物质已经成了我们的终极目标，因为我们可以计算和统计自己的财富，然后再拿我们拥有的去和别人比较。如果我们不这样做，或者如果我们的财富或物质没有别人多，我们自然就会认为自己做得还不够好。这种自卑感证实了阿德勒的理论，即我们获取权力和金钱是为了克服我们与生俱来的自卑感。与追求权力密切相关的是贪婪，贪婪也有多种形式。但从最根本的意义上来说，贪婪源于恐惧——我们担心自己拥有的东西不够多，担心自己不够成功，担心自己不被人重视。贪婪也源于一种观念，即我们认为自己不是生活在物质丰富而是物质匮乏的时代。为了生存，我们需要不断参与激烈的竞争去寻求合作共事的机会（贪婪在这里是一个存在现象，它的存在也说明，我们的生活缺少一个十分重要的东西——意义）。

问题是，拥有多少金钱才算够？不管是计划之中还是意料之外，不管是显性还是隐性，为了赚取更多金钱，我们花费的成本之高简直令人吃惊。很多人忙于寻求和积累财富，不得不推迟享受快乐。我们在积累财富的时候往往也会忽略人际关系。同样，为了获得更多，我们也会忽视自己的健康。有些人花费了很多时间和精力积累财富，到头来却发现，由于担心失去财富，他们反倒需要花费更多的时间和精力来保护自己的财富。遗憾的是，除了财富之外，他们可能还会失去自己的"身份"。我们知道，通过金钱或其他方式追求权力与追求享乐十分相似。两者追求的都是身外之物，与我们的真实自我无关，而且它们"无处不在"。人们总是渴望拥有权力去控制别人，比如员工、老板、客户、股东、孩子、饭店的女服务员或者零售商店的售货员。权力，往好了说，是一种错觉；往坏了说，非常具有破坏性。我们认为自己可能会拥有权力，但却永远无法确切地知道我们是否会拥有权力。即使我们知道，在权力的游戏中也会遇到强劲的对手。而且，总有人会伺机而动，游戏的场地也会时刻发生变化。追求权力是一个令人身心俱疲的游戏。权力与快乐一样，转瞬即逝，而且会受到不可预见的力量的制约。

维克多·弗兰克尔认为，人类思想和行为的主要动机或驱动力是意义意志，而不是权力意志。由于阿德勒和弗兰克尔在一些基本问题上也存在分歧，最后两人也被迫各行其道。弗兰克尔从他的导师弗洛伊德和阿德勒身上学到了很多东西，但他还是坚持走自己的道路。弗兰克尔明确坚持并致力于促进人类去追求意义，他的毕生事业和思想遗产的种子已经开始生根发芽。

呼唤意义

维克多·弗兰克尔在他的讲座、演讲以及 1978 年出版的第一本书中，都郑重地提醒我们关注"对意义的无声呼唤"。他认为对意义的呼唤主要是由抑郁、好斗和瘾症三个症状引发的。弗兰克尔将这些社会症状称为"大众神经三联征"。我们需要在潜在的存在虚无语境下来理解这种呼唤。如今，集体对意义的呼唤比它被弗兰克尔首次发现时得到了更加普遍的运用，而且还不会很快消失。

现在许多美国人拥有的物质财富比世界上其他任何一个国家的人所拥有的物质财富都要多，但我们却感到焦躁不安，郁郁寡欢，与别人失去了联络，甚至也不关注自己内心的需求。年轻人的自杀率不断升高，贫富差距不断增大。尽管经济不景气，但我们还有足够的资源，可以满足广泛的医疗护理和经济稳定发展的需要，解决贫富差距问题。但是，现在"只为金钱"的价值观已经取代了人与人之间的尊重，甚至已经取代了对人性的尊重。

事实上，随着生存竞争的消失，就会出现一个问题：我们为什么活着？如今越来越多的人掌握了谋生的手段，但却过着没有意义的生活。[3]

弗兰克尔在他的书里说，随着人类基本生存竞争的消失，随之而来的问题是：我们为什么活着？虽然如今越来越多的人掌握了谋生的经济手段，但他们还得面对另一个问题：我们为什么而活？尽管我们的物质财富很丰富，但我们内心空虚，或用弗兰克尔的话来说，"存在的虚无已经成了迫切需要被解决的问题"。弗兰克尔认为，弗洛伊德的享乐意志和阿德勒的意义意志都表明，人们的某种东西已经缺失。弗洛伊德认为，人有追求享乐的需求或动机，阿德勒则认为人对权力有不懈的追求。事实上，这两种说法都只是在试图掩饰他们内心的空虚罢了，而不一定会让他们找到个人生活的意义。因为他们的意义意志遭受了挫败，出于种种原因，他们选择了另外一种生活方式，而他们选择这种生活方式的前提是，享乐或权力（或两者）能够替代他们曾经失去的东西在他们心中的地位。

人们感到内心空虚的时候就会向外寻求帮助。他们会追求舒适安逸、物质丰富的生活。他们会确保自己大权在握，保证自己可以掌控别人和周围的一切。他们认为，只要他们能找到快乐或者掌控一切，他们就可以找到生命的意义。很可惜，他们的想法是错的。

意义意志

意义意志来自我们的内心深处。只有我们才能发现它，控制它，实现它。不管我们一生会拥有多少权力和欢乐，真正支撑我们走完一生的是意义。最重要的是，意义会帮助我们成功摆脱无法逃避的痛苦与磨难。乔恩·卡巴金在他的大作《多舛的生命》中写道，不管我们的健康、幸福和福祉遭遇何种挑战，我们都要与最初的完整自我保持联系。他在书里研究了很多人的生活，正是一些危及生命的疾病让他们的人生发生了巨大的改变。他们带着宽恕仁爱之心，不仅与别人建立了联系，而且也与自我保持着联系。有些人战胜了病魔，活了下来，有些人则被病痛夺去了生命。尽管他们遇到了各种不同的挑战，但他们每一个人都以自己的方式，在生死关头实践了对意义的承诺，从而加深了自己的人生体验。

如果我们花点儿时间去培养与最初的完整自我的关系，那么我们所有的经历就建立在了意义的根基之上。弗兰克尔在纳粹集中营观察过那些囚犯的行为举止，所以对他来说，情况就是如此。对卡巴金书中接受过采访的人来说，情况也是如此。对任何一个幸免于难、在悲痛中敞开心扉怀有恻隐之心的人来说，情况也是如此。一旦仁爱恻隐之心占据了主导地位，我们就会爱自己，爱别人，宽恕自己，原谅别人。反之，如果痛苦封闭了我们的心门，就会把我们与自己隔离开，与别人隔离开，最终与意义本身隔离开。

可能很多人都会认识这样一些人。他们经历了人生不幸但却能始终保持积极乐观的态度。我就认识这样一个人，她叫夏绿蒂。她二十一岁的儿子因患有自闭症于不久前刚刚去世。夏绿蒂坦率地给我讲述了抚养自闭症孩子的经历，说这么多年来她和她丈夫过得很不容易。她还多次回忆起当时阅读弗兰克尔《活出生命的意义》的情景。她还强调，在那段最艰难的岁月，这本书对她的思想和行为产生了深刻影响。在为人母的过程中，不管遇到多大的挑战，夏绿蒂都能发现生活更深层的意义。她在精心照料患自闭症的儿子的过程中，对人性有了更多的了解。所以，当她的儿子突然英年早逝时，儿子留下的精神遗产自然就成了她后半生生活的支柱。值得注意的是，她后半生从事的都是需要爱心和无私奉献精神的有意义的工作和社会活动。

意义迷宫

我们可以把生活比作迷宫。在这里，迷宫并不是指令人困惑或难解的问题，而是指体验意义的路径。这种路径一般呈环形，曲折盘旋，但没有死胡同。中心就在那里，但我们要走过无数的曲径才能到达。我们从未真正迷路，但却永远无法看清前进的方向。重要的是，我们必须相信自己选择的是正确的道路。的确，道路没有对错之分，因为我们走过的每一步，经历的每一段经历都能教会我们很多生活的道理，每一步都有意义。一路上，我们有时轻松自信地大胆前行，有时却小心谨慎地缓慢向前移动，有时候我们需要停下来反思，有时候我们甚至有后退的冲动。它是一条彰显个性的神圣之路，我们必须亲自前往，没有人能替代我们。

或许是因为我出生在克里特岛一个希腊裔家庭，所以我一直对克里特岛迷宫非常着迷。克里特岛迷宫大约有四千多年的历史。小时候我就被这个迷宫的神话故事所吸引。相传，忒修斯来到克诺索斯，走进迷宫杀死了人身牛头的米诺陶诺斯。这个神话激发了我的想象，我也想探索未知的世界。为此，我甚至不惜挑战权威，在曲折迂回的迷宫小路上摸索寻找自己的人生道路。这条道路虽然有时有些错综复杂，但却是我自己选择的道路。如今回首往事，在我的生命迷宫中，一切竟是那么和谐完美，完全出乎我的意料。总之，在我整个人生旅途中，我总能受到指引，不仅在以往的经历中找到了深层意义，而且还能预感到在未来发生的事情中也能找到意义。

美国情景喜剧《欢乐一家亲》很受欢迎。剧中的主人公弗雷泽·克兰博士由凯尔希·格兰莫扮演。有一集中，主人公弗雷泽被告知，鉴于他在担任精神病医师和广播脱口秀节目主持人时的杰出表现，有关部门将授予他终身成就奖。弗雷泽为获奖一事感到很矛盾，甚至有点儿沮丧。他在颁奖典礼上发表的获奖感言非常简短，还在结束时提出了一个耐人寻味的存在性问题："我该如何度过我的余生？"他已经被大家公认为达到了事业的顶峰，他不知道该怎么做才能再次拿到这个最高奖，或者下一步他该往何处去。他的生活就是持续不断地旅行，在迷宫中来回穿梭，迂回前行。弗雷泽就是在同这个想法做斗争。还有很多东西需要他去探索、学习和体会。用古希腊哲学家赫拉克利特的至理名言来说，弗雷泽需要意识到，看似是终点的地方其实也是一个起点。的确，从很大程度上来说，生活就像迷宫一样。

但是，想在工作迷宫中发现这种联系并非易事。从某种程度上来说，每个人都希望自己的内心世界（真实想法、感情和核心理念）与实际工作有关联。汤姆·柴培尔就为我们树立了一个很好的榜样。汤姆·柴培尔和他的妻子凯特合作创办了缅因州汤姆公司。在公司曲折的发展过程中，他引导着公司不断转型，在意义迷宫中发现了这种联系。他不断地寻求别人的理解，实践他的核心理念，同时总是在每一个挑战中寻找深层意义，这些做法最终引导他成功走出了困境。他的经历足以成为实现意义意志的真实典范。

在20世纪六七十年代，美国出现了环保运动。汤姆·柴培尔当时关心的首要问题是洗涤产品产生的化学径流。化学径流破坏了土壤的健康，最终对地下水系统、海洋和湖泊造成污染。为了解决这个问题，汤姆·柴培尔研制出了一种名为"净湖"的无磷洗衣液，产品性能和外部包装都做到了绿色环保。接下来，汤姆又推出了一款与众不同的牙膏——对身体没有伤害的纯天然无糖牙膏。因为普通超市没有天然食品和产品专卖区，所以汤姆的产品就只能在保健食品店销售。而汤姆在缅因州设立公司后，他的事业开始蓬勃发展。他的公司生产出了更多的产品，其中包括漱口水、除臭剂、肥皂、洗发水、刮胡膏等产品。所有的产品都由纯天然植物提炼而成，并配以绿色环保包装。

汤姆·柴培尔把他的"环保和人类健康"的核心理念直接应用到了企业经营之中。尽管汤姆取得了巨大的成功，但他又面临公司存在的意义和未来发展的艰难抉择。公司如何在追逐利润的压力之下坚持他的环保理念呢？他应该让公司追求更大的利润，还是要用利润来实现他的个人追求，把公司的成功发展建立在他的个人追求的基础之上？他是否需要改变产品，在牙膏里添加糖精，使产品更容易被主流市场接受呢？

汤姆的意义迷宫需要他做出重要决定，而这些决定涉及道德伦理和他的个人追求。他承诺打造天然产品的最初设想面临着公司发展和利润压力的考验。更为糟糕的是，汤姆感觉自己已经与公司没有太大的关系了。他开始怀疑，他和妻子亲手创建的公司是否还能体现自己的核心信念和价值观。汤姆从无尘衣、安全土壤和天然牙膏起家，现在他要走向自己的内心世界。他开始四处寻找灵感。当汤姆感受到圣公会牧师的召唤时，他决定离开公司去神学院学习。1988年，他申请在哈佛大学神学院开始非全日制学习。在接下来的三年里，汤姆每周有两天半时间在缅因州肯纳邦克经营公司，其余时间都要赶到马萨诸塞州的剑桥市去学习。他在哈佛大学研究了伟大的道德和宗教哲学家的著作，并努力把他们的思想应用到企业管理中，尤其是应用到他的公司之中。

汤姆受到了20世纪犹太哲学家马丁·布伯作品的深刻影响。马丁认为，我们同别人会建立两种截然不同的关系。一种是我—

它型关系，另一种是我—你型关系。在我—它型关系中，我们会把别人看作物体，希望每一种关系都会有所回报。而在我—你型关系中，情况正好相反，我们之所以与别人建立联系是因为尊敬他们、希望与他们交朋友和爱他们。换句话说，我们要么把别人看成可以实现自己私利的工具，要么因为他们本身的缘故而尊敬他们。汤姆很快就意识到，他和凯特在经营公司时出于本能使用的是我—你型关系模式，但遗憾的是，他的专业管理者遵循的却是我—它型关系模式。此外，汤姆还受到了18世纪的美国哲学家乔纳森·爱德华兹的著作的影响。爱德华兹认为，个体身份不是在孤立状态下，而是在与别人建立联系的过程中产生的。汤姆把这一思想也应用到了自己的公司。在应用过程中，他逐渐意识到，公司与员工、客户、供应商、金融合作伙伴、政府、社区，甚至地球的关系共同塑造了公司的真实形象。

　　汤姆带着这种全新的理念又回到公司，开始全心全意带领公司发展。他认为，公司不仅是一个商业实体，更是一个社会道德实体。这种看法更加深刻地反映了汤姆的思想信念，而这种信念加强了他与外部世界的联系。总体来说，他的公司继续保持着强劲的发展势头，不仅满足了公司的运营要求，而且还满足了他的精神追求，实现了他的意义意志。汤姆将公司的发展建立在追求意义的目标之上，他让自己的个人生活过得很有意义。简言之，这是一种共赢的意义合作关系。缅因州汤姆公司是因汤姆·柴培尔年轻时的理想而创建的，现在，公司已经成了他的传道机构。

确实，他的公司遵循了维克多·弗兰克尔的理念，可谓一个宣传意义的机构。[4]

走向内心

我们不管遇到什么问题或挑战，都不能坐以待毙，不能等着解决方法自己奇迹般地出现，而是应该积极参与寻找，成为解决方法的一部分。美国职业篮球协会前教练菲尔·杰克逊曾写过一本书，书名叫《神奇的篮圈》(Sacred Hoops)。在这本书里，他告诫我们，实现梦想的最好办法就是从梦中醒来。成为解决方法的一部分就意味着采取行动。你的梦想可能十分美好，生动真实，但采取行动要求你不仅要有梦想，而且要付诸行动。不管是在做梦还是头脑处于清醒状态下，如果我们仍然甘愿做自己思维的囚徒，我们就始终无法透过囚牢栅栏看清外面的世界。为了看得更清楚，我们必须主动走进自己的内心世界。

> 走向内心开始反省，
> 莫辜负余生好时光。
> 意念中牢房的栅栏，
> 真的比钢还要坚固。[5]

这首歌词再次提醒我们，我们在探索自己的生活和工作的意义迷宫时，总会遇到很多的无奈和挫折，这是自然而然的事情，有时也不一定会一帆风顺地安然度过。探索意义迷宫需要我们心甘情愿，真正恪守承诺，沿着自我探索的道路追寻意义。实现维克多·弗兰克尔所说的意义意志，是一种与生俱来的在任何条件下都能坚持不懈地追求意义的能力。

然而，每一个人的绝对意义与其绝对价值是相辅相成的。正是这一点确保了人类的尊严不会轻易被抹杀。在任何情况下，即使是在最为痛苦的情况下，生命都会保持意义潜势，同样，每一个人的价值也会与他形影相随。[6]

遗憾的是，我们经常错失良机，无法充分利用自身宽广的内心世界，感受生活和工作的真正意义。弗兰克尔说，只要我们保持清醒的意识，恪守对有意义的价值观和目标的承诺，我们就能充分享受这种宽广的感觉。当然，人生最困难的事情莫过于认识自己。我们需要花点儿时间和精力来质疑、反思和真正地认识我们是谁，而不是成为别人希望的样子。我们需要花点儿时间和精力来了解自己的长处和才能，利用它们来帮助别人。我们需要花点儿时间与精力来了解什么能让我们的生活有意义。追寻意义要求我们接受迷宫的挑战，敢于冒险。

就像古希腊哲学家苏格拉底建议的那样，我们应该走进自己的内心，倾听自己内心的声音。我们应该相信自己的心声，不要被别人所左右。通过观察、质疑、逻辑思辨、认识形而上学（对身体之外的存在的本质思考），我们就能强化自己的观点，对我们自己有更深刻的认识。苏格拉底有句名言："不知反省的生活不值得过。"苹果公司的创始人史蒂夫·乔布斯十分欣赏这句至理名言，他曾公开表示："我愿意用我所有的技能来换取与苏格拉底一个下午的相处时间。"[7]归根结底，只有走进内心，实现我们的意义意志，也就是真正恪守承诺，去实现只有我们自己才能实现的有意义的价值观和目标，我们才能发现人类的独特性，在生活和工作中充分发挥自己的潜力。

在深入探索我们的内心世界和外部生活方面，弗兰克尔的意义意志优越于享乐意志和权力意志，并与它们有很大的区别。只有我们才能发现它，控制它，实现它。不管我们一生会拥有多少权力和欢乐，真正支撑我们走完一生的是意义。意义需要我们去发现，也能为我们所用，但只有当我们选择不再做自己思维的囚徒，这一切才有可能。

意义反思

意义时刻练习

这里给大家介绍一下"山脉练习"。这个练习来自弗兰克尔。弗兰克尔在《医生和灵魂》中呼吁我们把自己的生活过得像美丽的山脉一样精彩。把你的生活(特别是工作生活)看作有山峰和峡谷的风景。哪些人和事对你的影响最大?把它们标记在山顶上。哪些人和事对你阻碍最大或对你最不尊重?把它们标记在峡谷中。现在回顾一下,总结山顶上那些人各有什么特点。这些人和事中哪些是最有意义的?哪些是交流中反复出现的主题和价值观?你是如何学习这些主题和价值观并把它们融入自己的生活的?现在回顾一下在峡谷反复出现的主题和价值观。你从这些经历或这些人身上学到了什么?这个练习可以帮助你从一个不同的角度来重新审视你的生活和工作。通过这个练习,你可以发现反复出现的价值观,认识自己的独特性,拓宽自己的视野,加深自己对工作和生活的认识。这是一个展示型练习,一种在生活和工作中发现意义意志的新方法。

意义问题

· 在你的个人生活中，什么是你思想行为的最大动力？享乐意志？权力意志（包括积累财富）？还是意义意志？

· 在哪些方面你的生活会像一个意义迷宫？

· 你是如何一直恪守对有意义的价值观和目标的承诺，在你的个人和工作生活中实现意义意志的？

意义主张

我要全力以赴实现意义意志目标，而不是享乐意志或权力意志目标。

第五章
原则 3　发现生命瞬间的意义

要像获得了第二次生命那样去生活，
要像第一次犯错那样大胆去做。[1]

生命的意义本身并不重要，重要的是在你的生活中去寻找意义。意义对每个人来说都不尽相同。不存在绝对的正确答案，只有适合你的答案。然而，在我们的生活中寻找意义似乎是一件大型工程。我们该从哪里着手？这一章的主要内容就是把这个任务化繁为简，让它具有可操作性。在这一章，我们会介绍弗兰克尔的第三大原则：发现生命瞬间的意义。

意义需要被发现

　　我们无法创造意义，意义需要我们去发现。当然，如果不去寻找意义，肯定就发现不了意义。意义会以各种不同的形式出现。有时它在我们的生活中赫然出现，显得举足轻重，有时在几乎无人察觉的情况下悄无声息地进入我们的生活。我们可能会错失发现意义的良机。直到过了数日、数月，甚至数年以后，事实证明，曾经看似微不足道的某个瞬间却是改变我们一生的关键时刻。或许，是许多时刻的整体意义最终吸引了我们心灵的目光，就好像我们把许多不被人注意的时刻碎片放在一起，拼成了一床象征生活的花被子。弗兰克尔说："尽管我们不一定能感觉到意义，可是无论我们去哪儿，意义无时无刻不在我们身边。我们唯一要做的就是在日常生活和工作中认识到意义的重要性，并关注意义。"

生命的真正意义，必须在大千世界中去追寻，而不能在人身上或内在精神中寻找，因为它不是一个封闭的体系。[2]

人生的意义是什么是一个很难回答的大问题，但如果我们找到了生活中的小问题的答案，这个大问题就会迎刃而解。这些小问题包括：我们正在做什么？我们为什么做？这种关系意味着什么？我们的工作有何意义？每天，我们的生活都会给我们提供很多有意义的答案，但是只有当我们慢下来，抽出一定的时间去欣赏意义，意义才会在我们的生活中开花结果。我们需要亲自发现和了解意义，可是大部分时间我们却在忙于其他事情，无暇分身。令人烦心的工作和家庭琐事让我们对存在的本质提出了质疑。假如我们不能停下来，好好寻找和感受我们自己的存在，意义就会成为一个无法实现的梦想。我们的一生都有丰富的意义，我们所做的一切事情都有意义。我们会为了心中的爱自由地做出某种决定，当我们停下来思考做出决定的理由时，我们就会发现意义。花点儿时间反思每一个生命瞬间的意义，这是让我们最终获取个人整个生命的深层意义的第一步。

遗憾的是，不是每一个人都愿意花费时间或精力去寻找生命瞬间的意义。让我们以米歇尔为例。米歇尔不久前刚过完五十岁生日，但她不愿承认自己已经年过半百。她对未来几十年的生活，包括退休生活感到害怕。事实上，她很不开心，觉得生活中没有任何可以值得庆祝的事情。米歇尔离过两次婚，是两个 X 世代孩子的单身母亲。她觉得自己的个人生活不尽如人意，她的工作生活也无法让她感到满意。第二次离婚后，她就一直很难找到十分稳定的工作。有时，她也确实找到了看似不错的工作，但很快就因对工作不满意而辞职不干了。如此反复之后，她感觉自己的就业压力很大。但她认为这和自己无关，辞职完全是由外界原因造成的，例如老板太寒酸、同事很懒、工作职责不清楚、缺乏支持等。所以，她对自己的工作永远不满意，当然也永远想象不到自己能找到有意义的工作。

米歇尔整日忙于在工作和家庭中释放自己的压力，几乎没有时间去寻找自己痛苦的真正根源。所以，渐渐地，她变得越来越沮丧，她开始学会用各种理由来为自己开脱，并养成了这种习惯。她无视自己的角色和职责，不知道自己也是让自己处于窘境的始作俑者之一。由于她忙于抱怨生活对她的不公，所以她实际上已经与生命瞬间的宝贵意义失之交臂。在她看来，生活对她很不公平，所以她只能忍受痛苦，大声抱怨，让周围的人，包括她的家人、朋友和同事，听到她的痛苦。在电影《重返荣耀》中，高尔夫球手沃尔特·哈根说过:"一切意义在于没有意义。"米歇尔肯定会赞同这一说法,因为寻找意义对她来说没有什么价值。她看似过着毫无意义的生活。她认为,除非奇迹发生,否则她还会继续过没有意义的生活。米歇尔拒绝寻找意义,她已经选择了提前退休。

亚当的情况则正好相反。亚当是本书早些版本的一位读者。他读完这本书以后给我写了一封信。他在信中说,他运用本书提到的原则解决了自己在生活和工作发生转变时遇到的重要问题。他是一位工程师,在公司工作了三十年,突然间,他发现自己就要被迫离开喜欢的工作,进入一个对他来说无事可干的部门工作。因为公司正在进行改革,所以亚当担心这次工作变动也许离自己被解雇不远了,或许自己很快就要被扫地出门了。他突然发现,他的生活没有了意义。一连好几个月他都在自怨自艾中煎熬,他无形中成了这种思维的囚徒。看完我的书之后,他不再把自己的困境看作一个问题,而是将其看成一个机会。因此,他开始改变自己。尽管他不能马上改变自己的现状,但至少他可以改变自己对待现状的态度——能在现状中找到深层意义。

随着亚当生活态度的转变,他的性情、人生观和工作观也得到了改善,并且他在追求全新的个人成就和职业成功方面取得了长足的进步。亚当认为,他看问题的视角和行为方式之所以发生如此巨大的变化,原因就在于,他学会开始欣赏生命的潜在意义了。生命的潜在意义存在于生命的每一个瞬间,甚至在那些让人感到不是特别愉快、不受人欢迎以及意想不到的瞬间。亚当开始意识到,以前的"可怜的我"的想法不能改变自己的窘境,他需要独自承担起发现自己生命中的意义种子的责任。亚当与米歇尔不同,亚当愿意而且能够为自己的困境承担起全部责任,他拒绝提前退休,拒绝停止寻找意义。

找到生活的真正意义需要勇气,这并不是说,我们不会有恐惧情绪,而是说我们愿意而且也有能力战胜恐惧。也就是说,如果我们愿意,就可以踏入生命意义的迷宫,并能走出黑暗。往往在最艰难最痛苦的时候,我们的勇气才会面临最严峻的考验。在电影《保卫你的生命》中,导演兼作家艾伯特·布鲁克斯扮演了一位成功的企业主管丹·米勒(Dan Miller)。丹·米勒满心欢喜去汽车4S店提新买的宝马车,但在他把新车开出4S店后,不小心与一辆公共汽车发生了碰撞。丹在事故中丧生。死后,他发现自己来到了一个名为"审判城"的"天国"小站。丹发现,不管是获得下一个更高级的生活模式,还是回到地球重复以前的生活,他都必须接受审判城的审判,为他的一生进行辩护。

在审讯室,有人给丹播放了一段他生前的生活视频,让他为自己的行为辩护,特别是为他恐惧表情最明显的那一段视频辩护。下面是丹和他的辩护律师鲍勃·戴蒙德之间的对话片段。

鲍勃·戴蒙德:你从地球来,做事不用脑子,你的人生基本都被用在应付恐惧上了。

丹·米勒：是吗？

鲍勃·戴蒙德：地球上人人都得面对恐惧。我们的小脑瓜就是专门对付恐惧的。

……

鲍勃·戴蒙德：你有没有胃痛的朋友？

丹·米勒：每个朋友都胃痛过。

鲍勃·戴蒙德：那都是因为恐惧。恐惧就像茫茫大雾，盘踞在你的脑子里，封锁了一切。真情实感、真正的幸福和真正的快乐，所有这一切都无法挣脱大雾的束缚。但是朋友，你拨开了云雾，就要体会到生活的乐趣了。

从鲍勃·戴蒙德的解释可以看出，大部分人的大脑潜力只被利用了3%~5%，很多人因为恐惧而限制了自己潜能的发挥。他们不能审视恐惧，也无法看清自己生命中每个小小瞬间的深层意义，这让他们失去了体验美好充实生活的机会。我们当中有很多人都会由丹·米勒的经历联想到自己，我们甚至很想知道，如果我们死后也到了审判城去接受审判，那么审判城又会为我们播放什么样的视频，我们又该如何为自己辩护呢。

许多人就像米歇尔和丹·米勒一样，不愿寻找自己所处境况的意义。他们多半是对暴露出来的需要被解决的问题过于担心。他们"没有勇气去面对"。他们不愿正视自己的弱点，选择对它们视而不见，更有甚者还去责怪别人。也有些人选择忙碌，他们整天忙于参加各种活动和娱乐,所以他们无法放慢节奏,反思自己的生活。还有一些人不知道该采取什么步骤去寻找生命瞬间的深层意义。

挖掘存在的意义

如前所述,如果不去主动寻找意义,那么即使我们被意义包围,我们也无法发现意义。现在给大家介绍一种发现生命瞬间意义的简单方法——"存在意义挖掘练习"。无论什么时候,只要你处于某种特别具有挑战的情境中,或者你认为它是你个人生活或工作生活中十分重要的时刻,就问问自己下面这些问题:

1. 你是如何应对当时的情境或生活的?你是怎么做的?怎么想的?

2. 你当时有何感受?产生了哪些情绪?

3. 你从中学到了什么?学到了什么新知识和技巧?态度有了什么变化?

4. 你将如何从经历中成长?你将如何把自己学到的东西,特别是对自己的主要认识应用到个人成长中?

从你的经历中去深度挖掘对自己的认识。回忆一下你当时的反应、感受和从中学到的东西,最重要的是,这段经历对你今后成长的作用。

只要你能真实地回答上面四个层面的生存问题,我们保证你就能开始系统地寻找生命瞬间的意义。很显然,你不可能对生命中的每一时刻做出这样详细的回答,所以我强烈建议你关注生活和工作中那些真的非常重要,或者应该很重要的情境或生活经历。它们可能是过去或现在对你有积极影响、消极影响、很有挑战或压力很大的时刻。同时,我们还建议你采用日志、日记或其他方式记录下此类信息,以便定期地回顾、记录你在发现生命瞬间意义过程中取得的进步。你是真的从各种生活、学习的情境中成长进步了,还是在重复旧的行为模式?另外,你有没有识别出任何共同的意义主线,帮助你绘制出一幅独一无二的生活画卷?

重视意义意识

归根结底,一切都是意识问题。有人说,"意识比自作聪明更重要"。[3] 意识就是要认识意义。培养意识也需要花费时间。如果我们每日忙于参加太多的活动,或者被动地沉迷于电视节目、智能手机或网络世界,我们就会与无处不在的意义失之交臂。我们必须有意识地去看、去听、去闻、去触摸和品味世界上的一切,才能在我们的生活中发现意义。

过去所有美好的一切都完好无损地保存在过去。换句话说,只要生命还在，所有的愧疚和罪恶还可以获得"救赎"……而一部制作完成的电影或者一部已经存在但此刻正在放映的电影就不是这样。正相反，有关这个世界的电影还正在"拍摄"之中。这恰好说明人类很幸运。未来还有待人类去塑造，也就是说，人类要对自己的未来负责。[4]

意义和颜色一样，也是多种多样的。没有人能决定别人生命的意义，发现生命瞬间的意义是每一个人不可推卸的责任。不管我们是否喜欢工作，如果我们意识到讨厌的工作能让我们支付房租，那么我们的工作就是有意义的。这并不是说，我们要让自己一辈子从事不喜欢的工作，而是说，我们可以在现在从事的工作中发现意义。如果我们因为老板刁钻挑剔而讨厌她，那么我们可以以牙还牙，或者努力去发现困境带给我们的人生启示：或许老板也是一时求胜心切，或许我们听到的不是老板的声音而是以前父母的教诲，或许我们可以利用这个机会锻炼一下与人相处的技巧，或许现在的工作不适合我们。

在《活出生命的意义》中，弗兰克尔描述过他为一位外交官诊疗的病例。他在维也纳办公室遇到了一位美国高级外交官。这位外交官早在五年前就开始在纽约市接受心理分析治疗，他找弗兰克尔大概是想继续接受治疗。[5] 一开始，弗兰克尔就问他为什么他认为自己应该接受心理分析治疗，最初治疗的原因是什么。原来这位外交官对自己的职业不满意，觉得自己很难接受美国的外交政策。可是，他的分析师反复对他说，他应该改善同父亲的关系，因为他对老板（也就是美国政府）和上司的不满只是受到了他与父亲关系的影响。所以，根据分析师的说法，他对工作的不满完全是因为他在不知不觉中对父亲心怀怨恨造成的。

外交官接受了这种解释，但五年之后他却变得越来越迷茫。他只看到了符号和意象之树，却没有看到现实生活之林。和外交官做过几次访谈之后，弗兰克尔发现，外交官真正的痛苦根源不在于他恨自己的父亲，而在于他没能从事自己渴望的另外一种工作。事实上，他的意义意志因为他的职业深受重挫。最终，外交官意识到了这一点，他决定放弃自己的工作，重新开始。结果表明，他对后来选择的职业非常满意。他苦闷的原因不是因为他的父亲，而是因为他未能选择对他真正有意义的工作。这个例子说明，假如我们能让自己意识到我们有多种选择的可能，我们就为自己打开了通往意义的大门。

我们对自己越了解，就越有可能去逐步发现自己的思想、语言和行为模式。我们可能会看清自己应对工作挑战的模式，看清自己处理人际关系的模式。通过寻找这种联系，我们会意识到，我们只是在多次重复同一种人际关系或恋爱关系，也许这个关系是消极的，甚至是有害的，因此它对我们实现最崇高的目标毫无帮助。我们可能也会意识到，我们平时有批评抨击别人的习惯，或者如果别人对我们要求太高，我们就会采取报复行动。我们会意识到，我们只喜欢从自己的角度去看问题，而不知道对同一件事还可以有很多不同的观察角度。同样，我们对自己越了解，就越有可能去发现自己对待健康的习惯性做法。我们会意识到，我们没有及时释放自己的情绪，压抑了自己的愤怒，最后不得不承受更大的压力。我们会意识到，我们的体重增加不一定与我们上周吃的巧克力蛋糕有关系，而可能完全是因为压力过大造成的。

如果能更多地关注生命瞬间，我们就能更加接近意义。许多人把意义定义为"重要性"或"某种重要的事情"，但我们把意义定义为"与自己核心本质或真实本性达成的共鸣"。如果感觉某事很重要或知道某事很重要，这是因为它与我们的真实自我产生了共鸣。例如，我（伊莱恩）多次去希腊小村庄旅游，目睹了生活朴素的村民如何在彼此的交流中找到了深层意义。我想到了自己在美国家庭拥有的所有"物质"，开始思考我为什么会需要那么多的物质。就在这些反省的瞬间，我的意识就提升了。这不是一个金钱至上或反金钱至上的问题，而是金钱和物质在我的生活中应该扮演什么角色的问题。我得出的结论是，最终的目标是首先让自己的内心充实，然后再去追求物质，这和先追求物质然后再去寻找意义正好截然相反。从希腊回国后，我决定处理一部分家里的东西。我决定集中精力追求意义。这个有意义的瞬间或经历教会了我如何提升意义意识，并且过上了一种（我认为）与自己的核心本质能产生共鸣的生活。

吸引我们去发现意义的是生活。当我们有意识地生活时，我们会使所做的每一件事都有意义。《韦氏第三版新国际词典》给

"work"（工作）列出了二十几个定义，它还包含一百多条以"work"开头的单词或短语，但正是第一个定义中两个小词根"to do"（做）说明了所有工作的意义。不管我们做什么，无论是从事体育锻炼，还是进行艺术创作，这些事情都是有意义的。

生命在任何情况下都有意义。生命的意义确实会存续到生命的最后一刻，直到生命的终结。[6]

不过，知道做事的动因也极其重要，它是我们开始真正自由而有意义的生活的开端。如果我们深入探索，就会发现，"爱"和"良知"是我们做事的两大动力。弗兰克尔将其描述为直觉能力，即不用思考而自然而然做事的能力，对我们自身进行最深刻的解释的能力。弗兰克尔在《活出生命的意义》中写道："事实是，爱是人类追求的最高终极目标。"

很难说清"爱"和"良知"会在何时何地对我们的生活产生影响，但是假如我们停下来思考一下自己的决定，它们马上就会浮现在我们的脑海里。我们上夜班是为了第二天早上与孩子在一起，送他们上学。我们种植有机蔬菜是为了给社区提供健康的食品。我们做小买卖是为了在经济困难时期能获得收入。我们写诗可以勉励家人和朋友。我们与别人商量事情是为了帮助他们应对压力。我们给旧城区家庭困难的孩子讲解航海知识。我们管理公司是为了让海外的工人得到公平合理的工资。我们为无处安身的家庭做被子。我们之所以干不喜欢的工作，是因为工作报酬可以让我们做自己喜欢的事情。我们组织筹划为社区建造价格实惠的住房。我们为地方慈善机构捐赠一千美元。我们把一美元放到乞讨者的手中。我们建造节能环保的草砖房。我们当服务员是为了能够上台演出、抚养孩子、饲养小狗和交电费。所有这一切实质上都是因为爱和良知。当我们明白了世界上万事万物之间的关联，我们就可以说出做事的动因，知道什么是深层意义。

制订遗产计划

随着你的意识增强，你就能看清每一个瞬间的意义模式。把这些瞬间意义连接起来，你就能看到你人生更加宏伟的蓝图。你可以看到所有走过的路，所有停靠的车站，所有遇到的人，一生做过的或体验过的所有事情。你体验过的最重要最有意义的事情是什么？你也可以对未来的生活进行展望或设想。思考一下你的人生，想想过去、现在和未来。现在假设你已经一百岁了，回顾你的整个人生，你愿意看到什么？你取得了什么成就？你对别人有何影响？换句话说，你的遗产是什么？悲哀的是，"遗产"这个词通常被定义为"在遗嘱中留给某人的金钱或财产赠予"。但我们所说的"遗产"并不是指金钱，而是指代代相传的某种东西，比如一个教训、一种影响、一段故事和某种智慧等，这些东西能让我们的生命真正永恒地"存在"下去。

这里再给大家推荐一个很有用的"悼文练习"。请看表5-1。悼文是赞美人或事物的一段演讲或书面文字，尤其是为刚刚去世的人准备的。你需要给自己写一份悼文。这个练习的目的是让你反思你的生命瞬间的意义，确定一下你希望以何种方式被别人永远记住。你的生活中什么对你很重要？你对别人有何影响？你在这个世界上是如何发挥自己的作用的？这个练习要求你填一份表格，请务必确定即将在你的葬礼上宣读的悼文真的是你最想听到的。[7] 你难得有这样的机会给自己写悼文，所以一定要写对你来说最重要的事情。你以前的生活和工作有意义吗？现在假设别人给你写了悼文，别人写的悼文与你写的会有何不同？他们对你和你对别人的影响的看法会与你一样吗？别人会说你以前的生活工作有意义吗？

通过这个"悼文练习"来反思你的生活和工作，你就能发现什么对你来说才是最重要的。即使这个练习涉及的内容还在进行中，但它仍可以让你看清楚自己生活的整个全貌。你可能会喜欢看到的内容，也可能会不喜欢看到的内容，但这个练习给你提供了一个很好的机会，让你思考你人生的"终极意义"。正如弗兰克尔所说，不管你的宗教信仰或精神信仰是什么，终极意义都是一个形而上学的概念，它来源于精神问题，具有精神价值。弗兰克尔在《医生和灵魂》的引言中写道："生活是一项任务。宗教人士和非宗教人士的明显区别是，宗教人士不仅仅把自己的生存看成是任务，还把它当作神圣的使命。"要想看到生命内在的意义和

表 5-1　悼文练习

你的家人、朋友、生意伙伴、客户或顾客给你做出了最后评价。他们的评价真的如实反映了你的生活和工作吗？他们的评价真的是你最想听到的吗？假设现在你已经去世，同时你可以为自己写悼文，悼文会在葬礼上被宣读。请开始填写下面的表格：

我们今天在这里相聚是为了与＿＿＿＿＿＿＿＿＿＿告别。世界非常需要＿＿＿＿＿＿＿＿＿＿的人，＿＿＿＿＿＿＿＿＿＿就是满足这一需要的最佳人选。

最有成就感的事情是＿＿＿＿＿＿＿＿＿＿，它发生在＿＿＿＿＿＿＿＿＿＿时候。

我相信＿＿＿＿＿＿＿＿＿＿来到这个世界上是为＿＿＿＿＿＿＿＿＿＿。

世界因为＿＿＿＿＿＿＿＿＿＿的存在而更加美好，我们会永远怀念他/她。

无限潜力,就需要我们转变自己的意识。弗兰克尔指出,我们需要以身作则,主动采取行动寻找潜在意义。意义潜存于生命的每一个瞬间,只有我们每一个人亲自去寻找才能发现它。弗兰克尔在书中写道,这种责任"落在了我们每一个人的肩上,无论在什么情况下,即使是在最痛苦的情况下,哪怕是在生命的最后关头,我们都要承担起这种责任"。[8] 只有时刻意识到发现和学习生命瞬间意义的必要性,你才能确保自己不会成为自己思维的囚徒。在对终极意义的探索中,既要关注意义的宏观层面,同时也要注意生命中有意义的每一个瞬间。我们对终极意义的寻找才刚刚开始,而且永远不会终止。

意义反思

意义时刻练习

假设你已经写好了自传,详细介绍了自己的工作和生活。现在你的自传已经登上《纽约时报》畅销书排行榜。你的自传的标题是什么?请给出自传的章节名称,并做简要介绍。你会在致谢中感谢谁?

意义问题

- 你在阅读本书的过程中发现了什么意义?
- 你会选择哪种意义挖掘形式来揭示生命瞬间的意义?
- 你如何让自己的生活和工作更有使命感,而不是只有任务感?

意义主张

我会在自己的各种经历中寻找和发现意义。

Prisoners
of Our Thoughts

第六章
原则 4　千万不要违心做事

极具讽刺意味的是，恐惧往往会使害怕的事情变成真的。同样，把自己的意图强加给别人，只会使美好的强烈愿望变成泡影。[1]

你是否有过这样的经历？你想要做好一件事，你越努力，发现事情的难度越大，结果似乎离目标越来越远。换句话说，是不是有进一步退两步的感觉？我（亚历克斯）就有过这样的人生经历，尤其是工作经历。我想和大家分享一段我的经历。当时，我在美国一所大学行政管理系当全职教授，负责一个研究生学位课程。作为主管，我面临的挑战是如何从该学科的一个专业协会获得认证。获得认证对业内人士来说就好比提升了知名度，有了竞争优势。而知名度和竞争优势自然会给学校带来一系列好处，比如我的课程的招生人数会增加，招聘老师更容易，研究经费会增加，资源库会得到更新等。

我当时是系里的一名新教师。我认为这是一个崭露头角的好机会，所以就勇敢地承担起了谋求认证的大任。我开始全力以赴，并向所有人证明，我是一个信守承诺、很有激情的人，并且深信自己很快就会实现目标。事实上，我之前在其他院校也做过同样的认证工作。我自认为，这足以证明，我对自己所做的事情了如指掌，我的经验会让我再次顺利取得胜利。可结果却出乎我的意料。我发现阻力无处不在，我越关注，发现阻力越多。我后来了解到，在这个过程中，我的专业知识事实上成了认证的一个不利条件。我自以为知道该怎么做，知道怎么才能做到最好，所以认为所有同事的做法都是错的。我专注于课程的每个细节，并向自己保证，在整个认证过程中，我能独自纠正和解决所有影响认证的错误和问题。

我当时也是一片好心。我认为事后，我的大部分同事没准儿也会承认这一点。遗憾的是，我过于关注结果，结果却事与愿违，无法完成最终的目标。事实上，我在担任课程负责人期间从未获得认证。当时，我完全可以轻而易举地责备其他任何人，或者至少可以把没有实现目标的大部分责任转嫁给其他人，但是我没有这么做。现在我明白了，我自己的做法违背了我的初衷。我努力让大家按照我的想法去做事，结果，同事疏远了我，而我的成功根本离不开同事的支持。后来，我还了解到，由于我坚持自己的"正确"做法，结果让同事在认证过程中贡献甚微，他们没有成就感，在一定程度上，甚至招致了他们某种微妙的暗中破坏行为。荒谬的是，我当时竟然不知道，我才是自己最大的敌人。

意义就在我们的生活中，意义就在我们的工作中，意义也在我们寻找意义的过程中。意义就在我们周围，在我们的心里，也在我们的心外。但是如果我们想方设法去创造意义，尤其是在工作中创造意义，可能只会适得其反。工作与生活一样自身充满了生机与活力，但与私人人际关系不同的是，我们对待同事总是缺少真情实感和恻隐之心。我们总是害怕与别人对抗，因为害怕被人报复所以不敢告诉他们我们的真实想法。我们为了显示自己的专业能力也会避免冲突。我们告诉自己以手头工作为主，而忽略了人际动力学。

工作通常代表着一个领域。在这个领域中，个人在社会中的独特性得以显现，因此获取了意义和价值。不过，这种意义和价值与职业本身没有关系，而是与个人的工作对社会做出的贡献有关。[2]

通常来说，我们的表现是可以测量的，我们生产的东西马上就能直观地显现出来。比如，做销售或生产商品、满足配额要求、一天走多少公里、如期交工、烤制面包、修理汽车或者为客户提供服务。而某些专业工作的职责分工则不太明显。比如，长期规划和项目要求共同参与创造、有团队合作精神、能实现复杂的预期目标，以及设计更多的主观目标。这些都需要表现，但也需要对表现进行评估。大部分人在工作中都要对别人负责。我们想通过完美的表现和高效的工作取悦别人，而往往在我们最想取悦他人的时候，我们会让自己处于不利境地。我们会因过于重视最后的结果而忽视了追求的真正目标。

重视职场人际关系

我们有时会和成功失之交臂，其实这与我们不够重视职场人际关系有很大的关系。工作不只是工作，工作代表的是人际关系，比如，我们与自己和同事的关系，我们与顾客和消费者的关系，我们与自己设计、创造和销售的产品之间的关系，我们与提供的服务之间的关系，我们与环境以及我们的工作对世界的影响方式之间的关系等。这些关系是在我们的工作中逐渐形成的，对个人和集体都有意义。如果我们太过于关注结果，这些关系就会出现危机。我们越想成功，成功的希望越渺茫。

一个人从事什么样的职业并不重要，重要的是他的工作态度。[3]

让我们以安吉拉的经历为例。安吉拉刚大学毕业并拿到了工商管理学位。令她特别激动的是，她工作的杂货店把她提升为了主管。这是她第一次当管理人员，她把这次晋升想象成了在公司升迁的第一步。当然，最重要的是，她想在新的工作职位上有最出色的表现，以此向老板证明，他们的晋升决定是正确的。安吉拉很快就宣布了她的打算。她希望打造更好的团队，分担责任，在她任职期间提高所有员工的业绩。她的工作热情看上去很有感染力，给人感觉好像她马上就能做出一些重大改进。但很快安吉拉就发现，光有美好的愿望还远远不够。

"我的同事懒得出奇，无论我说什么或做什么，他们根本就不在意。"有一天安吉拉向我抱怨。的确，她的工作态度极为消极，总是直截了当就指出其他员工的缺点。她的工作状况已经很不正常，据我所知，这都是她自己一手造成的。安吉拉表现出了两种行为特质或趋势：过度意向和过度反思。他们都是维克多·弗兰克尔理论中的核心概念。安吉拉没有意识到，为了达到自己的目的——向别人证明她是一个好的管理者、能够实现规定的业绩目标，她已经开始微观管理自己的员工了。她因为过于急于完成任务（也就是说，她有过度意向），而忽略了实现目标的手段。安吉拉因为急于实现自己的目标，所以只关注自己看到的问题。她越关注，发现的问题就越多（也就是说，她在过度反思）。尽管她的设想很美好，但她由于只关注问题，而不寻找解决日趋严重的管理问题的办法，所以才会出现事与愿违的局面。

结果，她越抱怨，越要求加强团队合作、分担责任、改善业绩，她就越发现同事们不按她的要求去做。此外，安吉拉还把大量的精力都耗费在了预期结果上（这是一种预期焦虑表现形式）。后来她发现自己已经无力回天，根本无法实现目标。她的工作态度开始变得十分消极。事实上，与很多人一样，她已经在不知不觉中为自己编织了一个自我实现预言。她发现的问题越多，她需要解决的问题就越多；需要解决的问题越多，她就会越消极。这样就形成了一个恶性循环。可惜的是，安吉拉没有意识到，放弃（至少暂缓）打算可能会让她找到解决困境的方法，完成最初的工作目标。

我（伊莱恩）在工作中也存在过度反思行为。我十分荣幸在一家跨国公司领导了一群业务非常熟练的管理者。但其中有一位管理者似乎总是拖后腿。我以为激励他改进工作效率的最好办法是每天对他进行指导，明确提出我对他的期待。然而，我越给他吃"小灶"，我就越发强调他的工作无法达到我的标准，他的表现就越糟糕。事后，我才意识到我对这位管理者的表现进行了微管理。我应该采用一种相反的方法，也就是鼓励他，帮助他自己独立战胜困难。从这段经历中，我切实体会到，光有美好的愿望还远远不够。

应该指出的是，过度意向和过度反思在很多情况下与疑病症十分相似。疑病症也称"疾病焦虑障碍"，是患者的一种臆想，认为自己患了一种重大的或者危及生命的，但还未确诊的病症。这些人可能本身并没有病，但生病的想法和由此引发的预期焦虑促使其最后真的生病了。事实上，疑病症才是他们生病的罪魁祸首。

矛盾意向

意义存在于对瞬间的意识。如果我们的意识远离了瞬间，我们做事的效率就会下降。即使预期的利润很高，成功对我们也极为重要，可是注重结果而不关注过程也会妨碍我们成功地实现目标。我们都明白其中的道理。我们想把事情做好，为此紧张不安，结果却反倒做不好。我们的期望越高，与实际过程越分离，就越难全身心地参与并成功开展项目。弗兰克尔称这种现象为"矛盾意向"。我们的好意实际上办成了坏事。为了在某一方面追求成功，我们往往会忽略或忽视人际关系，忘记人际关系也是实现成功的过程中不可分割的一部分，所以就为失败埋下了种子。我们的做法完全与我们的成功意向背道而驰。我们忽视了自己存在的意义，别人存在的意义以及过程本身的意义。

"我的老板是个混蛋""我的老板恨死我了""我的功劳全被我的老板抢了"……这种话你说过几次？听到过几次？请打住。你有没有想过你在说什么，你说话的真正意图是什么，你的话会对你或你的同事有何影响。老板的确也有缺点，但总体来说，大部分人获得现有的职位，也是当之无愧的。他们的晋升也是有一定原因的。如果你因为老板有缺点就对他不屑一顾，那么你可能会使自己丧失学习和成长的好机会。你的老板擅长什么？你可以从老板那里学到什么？什么样的员工与你的老板相处最融洽？你有没有做什么事情让你老板的表现无比糟糕？从弗兰克尔的矛盾意向角度来说，你不好好工作，总是隔几分钟就去问他问题，是不是无形中把你的老板培养成了一个什么都管的微管理者？你的做法可能违背了你的初衷。

我们都是感性动物，都会受周围人情绪的影响。我们会对信任和不信任有不同的感觉。我们知道什么时候"感觉有点儿不对头"。不论是在生活中还是职场中，我们都能分辨出什么时候受到了虐待、轻视、漠视或欺骗。我们也知道，自己有时会被别人利用，为别人做嫁衣裳。帮助别人实现了抱负之后，我们很快就会感觉到，自己的内在意义被忽视了。我们感觉似乎缺少了某种东西，其实通常缺少的就是意义。

我想以尼尔为例来说明一下。尼尔是一家大型高科技公司的软件工程师，最近才结婚。不久前，他刚从一所名牌大学取得了工商管理硕士学位，希望在最短的时间内晋升到管理职位。他想炫耀一下自己刚学到的管理知识和技能，当然，对他来说，这也是尽快实现晋升梦想的一种方法。他费尽心思，想要引起主管的注意。殊不知，他的做法忽视了同事们的存在，激起了同事们的愤慨。作为软件工程师，尼尔的专业技术无可挑剔，但他的人际交往能力却很差。事实上，同事们根本没有把他看作团队中的一员，更不要说是管理者或领导了。他们总是看不起他，很鄙视他。尼尔野心勃勃想要成为管理者，但因为他与同事们没有来往，所以无论在团队会议上，在业绩评价中，还是在餐厅，尼尔都成了众矢之的。尼尔本来还想管理他的同事们，却没想到同事们都不喜欢他。

尼尔只顾着寻找晋升的机会，却没有发现自己已经陷入重重危机。所以，不管他认为自己是一个多么称职的管理者人选，不管他多么努力说服他的老板提拔他，他也不能如愿以偿。他太看重晋升，但是他越想晋升，晋升就越遥不可及。尼尔没有意识到瞬间的意义，也没有对其予以关注，所以他未能及时调整自己。

总体来看，他是在违心做事。

无论何时，如果我们对有意义的瞬间视而不见，错失尊重同事的良机，那么我们其实是在无形中减少了取得长久成功的机会。假如我们真的肯花时间培养良好的人际关系，成功的定义和范围会无限扩大，甚至日常生活本身也会有无限成功的可能，我们设定的具体目标也将触手可及。我们必须意识到，在职场关系中，企业和个人问题总是密切相关。"精明的公司都知道，个人建立人际关系的能力是创造价值的引擎。"[4]信任彼此的动机，无论是在当前还是从长远来看，对成功都至关重要。假如同事之间缺乏信任，我们就会感到困惑，不仅无法弄清楚别人会如何来诋毁我们，而且也找不出最好的应对办法。结果，寻找工作的意义就会遭受挫折，产生价值的引擎就会熄火或抛锚。

有时，我们会把别人（比如同事）当作我们思维的囚徒，造成事与愿违的后果。例如，在让·弗朗索瓦·曼佐尼和让·路易斯·巴苏克斯合写的《注定失败综合征》一文中，老板常常把表现较差的员工降级分到"组外"，因为他们认为这些员工不肯努力、消极懈怠、缺乏创新能力。[5]这种管理方法和管理理念实际上就是预言的自我实现。由于这些员工已经被定型为业绩不好的一类，管理人员对他们的期待较低，他们无形中会让自己表现更差，以满足管理者的期待。所以，尽管老板想通过分配组外任务让他们有最佳表现，可是员工的个人态度和企业决策最终违背了他们的初衷。对别人的工作无所不管的微管理做法会给员工造成很大的压力，带来业绩焦虑，甚至隐性或显性的破坏活动，最后有可能导致与管理者期望截然相反的结果（这种情况在父母教育孩子中也很常见。一些好心的父母，以父母教导为名，试图微管理自己的孩子，孩子最后反倒容易叛逆）。有时候太过于关注问题反而会让我们找不到解决问题的办法。

而什么都不管的管理者与微管理者截然相反，他们置身事外，不知道工作的进展，对工作小组的成败没有丝毫影响。还有一类管理者声称自己采用的是"走动管理"，他们的口号是"无论你是谁，不管你做什么，都要保持良好的工作状态"。如果微管理者、什么都不管的管理者和伪走动管理者都能尊重事实，意识到工作对每一个人的重要性，意识到员工的善意，他们就有可能取得更大的成功。

因为人类的尊严不允许人们让自己成为一种手段，变成劳动过程中一种纯粹的工具，沦落为一种生产手段。工作能力不能说明一切，它既不是有意义的生活的充分条件，也不是必要条件。一种人可能有很强的工作能力，但不一定会过上有意义的生活。而另一种人则恰好相反，他们工作能力不强，但却找到了生命的意义。[6]

终生一帆风顺的人屈指可数。大部分人都会遇到这样那样的挫折。比如，有时会遭遇离婚、有时兢兢业业工作多年却面临失业、有时身体欠佳、有时孩子令我们失望、有时我们会辜负彼此的期望。生活中既有成功也有失败,然而只有在失败中我们才能发现重大意义。只有通过发现意义,我们的失败才能变成有用的遗产。只有把失败转化为有用的东西,我们才算取得了真正的胜利。不要再为失业或失去一段感情而伤心痛苦,相反,我们应该对自己和别人给予同情和谅解。等我们再次找工作、交朋友、改善健康状况的时候,我们可以充分利用已有的智慧和经验,提升自己的魅力,为自己创造更多的机会。失败的力量已经逐渐引起了商界的重视,特别是引起了一些作家和励志演说家的关注。[7]例如,管理学大师汤姆·彼得斯谆谆告诫我们:"只有通过失败,你才能验证自己的做法是错误的,才能放弃那些妨碍成功的做法。"[8]失败的实例为我们提供了深刻的教训,有助于我们东山再起。很多人正在利用这些故事,并把它们当成绝好的励志素材,希望从"戏剧性的失败事件"中获得某种启发。

矛盾意向法的应用

矛盾意向不只是一个概念,而且还是一种技巧。弗兰克尔发展了这种技巧,将其融入了自己的意义疗法体系。早在1939年,弗兰克尔就用这种技巧帮助病人克服了各种莫名其妙的恐惧、焦虑和强迫症行为。例如,他让恐惧症患者在短时间内说出他们真正恐惧的东西,虽然时间很短,但有些患者的恐惧感明显减少了,有些患者的恐惧感甚至完全消失了。用弗兰克尔的话来说,"这个技巧如果使用得当,能让病人改变态度,用矛盾意向取代恐惧,从而消除焦虑"。[9] 他并没有让病人同恐惧做斗争。相反,他还鼓励病人接受恐惧,甚至夸大恐惧。病人不用抵制恐惧就抑制了情境焦虑。因此,"……焦虑不断给我们带来各种病症,矛盾意向却在不断扼杀它们"。[10]

弗兰克尔在他的书里介绍了应用矛盾意向法治疗病人的很多实例。其中有两个实例与工作和职场有关,所以特别值得一提。在其中一个病例中,病人是一位簿记员,他极度绝望,自己坦言说绝望到近乎要自杀的程度。多年来他一直患有书写痉挛症,随着病情加重,他感觉有失去工作的危险。前期的治疗都没有什么效果,病人当时非常绝望,就向弗兰克尔求助。弗兰克尔建议他反其道而行之。就是说,不要再像以前那样写得清楚明了,而是尽可能写得潦草难以辨认。此外,弗兰克尔还建议他自言自语:"现在,我要让人们看看我是一个多么优秀的涂鸦者。"就在他要涂鸦的时候,他却不会涂了。相反,他的字迹竟然非常清楚。在短短的四十八小时内,他就把自己从书写痉挛症中解放了,又成了一个快乐的人,完全能够正常工作了。[11]

在另一个病例中,患者是一位年轻的内科医生,有出汗恐惧症。有一天,他在大街上碰见了他的老板,伸手与老板握手问候时,他发现自己的手比平时出的汗都要多。每次与人相遇,这位医生的预期焦虑就会增加,手心出汗的情况就更严重。为了终止这种恶性循环，弗兰克尔向他建议，如果再出现出汗现象，就从容不迫地告诉人们你如何爱出汗。一周后，他回去向弗兰克尔报告说，只要他遇见让他紧张焦虑的人，他就对自己说："我以前只出了一点儿'汗'，但是这下我要挥汗如雨了。"弗兰克尔在书里写道，年轻的医生就这样永远摆脱了折磨了他四年之久的恐惧症。后来他再遇到其他人时，再也没有那种反常的出汗现象了。[12]

在自传中，弗兰克尔回忆了利用矛盾意向法免交交通罚单一事。他开车闯了黄灯，警官让他靠边停车。当警官气势汹汹地向他逼近时，弗兰克尔一边和警官打招呼，一边不停地责备自己："你说得对，长官。我怎么能做这样的事呢？我做得毫无道理，我保证以后再也不这样了。这对我是一个惨痛的教训，这种违法行为真的该罚。"据说，当时那位警官竭力让弗兰克尔保持冷静，还安慰他说："不用担心，这种事谁都可能会碰上。我相信你以后再也不会闯黄灯了。"这种方法真的很奏效，让弗兰克尔免受罚单之苦。[13]

矛盾意向法与劝说截然相反，因为它并不建议病人简单地抑制恐惧（理性认为，这种做法是毫无根据的），而是建议病人通过夸大恐惧来克服恐惧。[14]

意义存在于我们对瞬间的欣赏和感激之中。如果我们只关注过去或未来，就会与现在失去联系，就无法与现在的意义建立联系。和在日常生活中一样，在职场，我们也必须重视周围的人，重视我们经历的整个过程。如果在这个过程中能发现更多的意义，不管最终的结果如何，那么我们都会有更大的满足感。如果我们在工作时能意识到瞬间的存在，我们就和意义保持着联系。我们的存在，乃至所有生命的存在都有意义。不管我们从事何种工作，不管我们在哪里工作，不管是在建筑工地、在面包房、在中学、在饭店、在家庭办公室还是在白宫，意义就在那里等着我们去发现。只要我们不再做自己思维的囚徒，不再违心做事，我们就能找到更深层的意义。

意义反思

意义时刻练习

假设你正面临着一个工作或生活挑战,现在想象一种最糟糕的情景。其实,你是在按照维克多·弗兰克尔的建议,夸大恐惧带来的最差结果。尽管你没有真的经历这种最差结果,但这个练习对你的现状有无启示?你从这个练习的过程和结果中学到了什么?

意义问题

• 你如何确保自己在生活和工作中不违心做事?

• 假设你正面临变动带来的恐惧,你会如何转移注意力来解决这种恐惧?

• 你会如何把矛盾意向法应用到自己的工作和生活中?

意义主张

我要警醒,不再违心做事。

第七章
原则 5　从远处审视自己

我们知道，幽默是使自己与困境保持距离的最好办法。或许还可以这样说，幽默能让人类以一种较为超脱的方式看待自己，从而超越困境。[1]

"我实在忍受不了我的学生了。"这是在一个文学院工作的副教授珍妮特的抱怨。珍妮特在这所大学工作了好几年,但每次我(伊莱恩)和她在一起,发现她对学生和工作似乎变得越来越沮丧。她对我说:"我上大学的时候,对教授都是毕恭毕敬的。我们上课不会戴耳机,不会不停地发短信,不会用电脑查邮件,也不会与身边的同学聊天。我简直不敢相信。这些孩子都被惯坏了。他们总希望我给他们一点儿一点儿灌输知识,除了去查阅维基百科之外,他们什么调查研究也不做。超过五页的资料他们都无法集中精力去阅读。就是这样,他们还希望考试能得A。有一个学生的家长甚至还打电话要求我,让我重新考虑不要她儿子一个B的成绩。这个直升机式的家长控制着孩子,不愿放手。"如果我不打断的话,那么珍妮特还会继续没完没了抱怨个不停。

"那你为什么要教书?"我问她。如果我问她一个大一点儿的问题,那么我想她可能会对自己的消极评论有所意识。"那我还能做什么?我这些年努力获得硕士和博士学位,除了教书,我没有太多选择。我感觉很困惑，但教书的收入、福利和工作时间还不错。"很明显，珍妮特感觉很失落，不开心，也没有成就感。她的业绩评价已经充分说明了这一点。但在我看来，首先，很显然，珍妮特选错了工作。她就是违心做事的典型代表。她的初衷或愿望是想通过工作实现个人价值，可她的消极态度导致自己的业绩评价较低。此外，她的表现也充分说明，她无法从远处来审识自己。也就是说，她不能从一种超然客观的角度来审视自己，不知道该如何转变自己的态度和行为。

很多时候，学会从远处来审视自己，或者运用一点儿幽默不仅很有用，而且也很有意义。弗兰克尔在《医生和灵魂》中给我们提供了一个很有启发的实例。伦敦一家报纸曾经刊登了这样一则广告："失业求职。大脑聪慧的我愿意为您免费服务，但您必须提供足够的薪水让我先解决我的生存需要。"维克多·弗兰克尔在他的著作里转引了这则广告并不是说失业不是一件严肃的事情，正相反，他想强调的是，失业是一个"悲剧"，因为工作是大部分人的唯一经济来源。这则广告也反映了一个事实，那就是，并不是所有的失业者都会因为失业而感到内心空虚，或觉得自己一无是处。

有些人或许没有有报酬的工作，但这并不是说，生活本身对他们就毫无意义。我们对任何处境的态度，包括对失业和其他重大生活挑战的态度，决定了我们是否愿意和是否能够有效应对挑战。登广告的这个人能使自己与问题之间保持距离，所以能非常幽默地看待自己的艰难处境。他还能从远处审视自己，在困境中寻找意义，并采取适当的行动来挽救局面。甚至广告的措辞也反映了他的幽默感和与生俱来的独特的人性，他能以超然的方式看待自己，并超越困境。

幽默与快乐

在破坏性很强的卡特琳娜飓风来袭的前一年，我在新奥尔良市参加一个会议，当时有幸认识了专门接送参会者的司机温斯顿。他的顾客认为，至少在一开始这样认为，温斯顿的工作就是安全准时地把参会者接送到旅馆和会议中心。但在温斯顿看来，他的顾客就是他生活意义的重要来源。"欢迎来到新奥尔良！"大家一上车，温斯顿就会这样热情地和大家打招呼。他不但主动为大家介绍沿途重要的景点，还会耐心回答大家对新奥尔良市提出的一些问题。他总是热心地为大家提供各种建议，提升参会者的体验。他还不时用幽默的笑话逗大家开心，甚至在到达终点前带领大家一起唱歌，下车前还不忘提醒大家"别把东西落在车上"！总之，温斯顿把平凡的汽车之旅变成了不平凡的经历。

可想而知，并不是每一个参会者都喜欢温斯顿的欢迎手势、幽默笑话、善意建议，尤其是在凌晨，有些乘客喜欢安静，不想被打扰。不过，由于温斯顿真的很喜欢去了解他的顾客，比如他们是谁，他们从哪里来，他们做过什么，他们为什么到这里来，等等。所以，他总是很快就与他们打成一片，这一点真的是令人不可思议。他彬彬有礼的态度，坦率真诚的做法，以及与别人沟通交流的非凡能力丰富了我的参会经历。这段经历既让人难忘，又意味深长。温斯顿的做法表明，他真的很关心别人。他在与乘客打交道的过程中发现了意义。作为一名普通的司机，他坚守承诺，不断探索个人迷宫——他内心深处的汽车行驶路线。温斯顿在工作中发现了更深层的意义，因此，工作对他和那些与他有关系的人来说更有意义。重要的是，温斯顿能从远处，从别人的视角来认识司机工作。通过这种客观的方式来认识自己，他就比只为完成开车"工作"的汽车司机有更多机会与别人建立联系。很多乘客都是第一次来这座城市，不知道应该去哪里，不知道等待他们的会是什么。温斯顿深有同感，他知道他们的需要。他通过一点儿小小的幽默就让所有人都度过了一段更有意义的旅程。

在一本有关意义的书里大谈幽默问题，似乎显得有点儿矛盾或至少有点儿奇怪。但是弗兰克尔认为，幽默感是人类与其他动物的区别性特征。我们都知道狗会笑，但狗不会笑出声，更不会笑自己。狗经常会忘记自己埋骨头的地点，即使如此，他们也不会笑自己。幽默本质上是一种自我分离，特别是当我们和自己开玩笑时。很多喜剧演员把自己一生的职业都建立在自我分离的基础之上。他们从远处来审视自己和自己的生活经历，从中找到了幽默和意义。幽默和欢笑是想告诉我们，我们没有必要把自己太当回事，人类的这种自嘲能力能缓解每一个紧张严肃的工作氛围，每一个严肃紧张的工作环境都应该、也都需要幽默来调剂。我们通过幽默不仅告诉别人我们"不在乎那些小事",而且也告诉自己,我们无一例外地遵守着超越自我的原则。

有一个老掉牙的笑话说:"谁会在临终前抬起头说,'唉,我要是常去办公室上班就好了'。"据我所知,迄今为止没有人这么做过。不管我们的工作多么有意义,工作的意义都来自我们的价值,来自我们对工作的全身心投入。职业和工作只是我们意义的一部分,代表了我们想为家庭、为自己、为社会和为世界有所作为的美好愿望。但是它们除了说明我们做了什么,以及如何做之外,却不能告诉我们,我们是谁。如果从远处来审视自己,我们就知道生活不仅仅是工作、任务和职业,还有比工作更重要的事情,那就是过有意义的生活。而只有通过自我分离,我们才能吸取这个重要的教训。

幽默是一种天赋。幽默也是一个重要的平衡器。它可以使首席执行官不再那么令人望而生畏,让出租车司机或汽车司机更加讨人喜欢。反过来,讨人喜欢的首席执行官比大幅加薪更能鼓舞士气。幽默风趣的出租车司机或汽车司机,就像温斯顿一样,可以使你繁忙紧张的一天变得轻松无比。

如果说我(亚历克斯)希望小时候能学点儿什么,那么我一定会学习如何轻松自嘲。长大以后,我变得非常严肃,甚至可以说,变得神经紧张。从我早期的经验来看,有幽默感不但没有帮助我处理生活转变时期的问题,反倒给我在家里、学校和工作上带来了不少麻烦。我也是到了后来才完全学会欣赏自己的幽默感，自那以后，幽默感让我学会从远处审视自己和发生的事情，学会在生活中，尤其是在艰难的生活中尝试寻找幽默。

幽默感总是与快乐如影随形。值得注意的是，大部分快乐的人其实生活中都经历过真正的不幸。不幸发生时，我们被带入了痛苦的深渊。经历过痛苦，我们会再次回到快乐的起点。正如演员杰克·尼科尔森所说的那样，当我们知道情况有多糟糕时，我们才能发现结果会有多好。快乐并不是"祝你今天快乐"这样的礼貌套话，而是对现在的一种体验方式。不管需要肩负多大的重担，也不管天有何不测风云，快乐都只是对现在的一种体验。快乐是对我们能从每个角落找到意义的祝贺。快乐让我们抛开个人烦恼，振作起来，呼吁我们和周围的其他人一起寻找令人开心的事情。这并不是说，我们把自己隐藏在了快乐后面，或忘记了形势有多严峻，我们只是在轻松的笑声中释放自己而已。在适当的时候幽默一下能让我们快速摆脱自我强加的痛苦，在这一点上，幽默比任何东西都灵验。当我们把自己与自己分离，把自己与痛苦分开时，我们并没有减少或否认痛苦，而是超越了痛苦。我们不仅能看到、感觉到自己与痛苦的分离，而且还非常欣赏这一创举。我们接受了痛苦，同时也超越了痛苦。我们向自己和别人证明，我们拒绝做自己思维的囚徒。

自我分离

让我们来思考一些严肃的话题。在过去几十年，做假账和商业道德滑坡给美国公司蒙上了阴影。面对公司的犯罪浪潮，人们如何幽默得起来？在未来几年，怎么可能用轻松幽默的方式改善公司的现状？

喜剧演员安迪·波罗维茨写了一本书，书名为《谁动了我的肥皂？首席执行官监狱生存指南》。在这本书里，他就为我们提供了一种在欢笑中深刻反省的方法。波罗维茨在美国一些著名的商学院演讲时说过，讽刺可能会有点儿另类，但却是解决首席执行官和公司信誉问题的有效方法。对个别商业领导和他们的组织机构来说，用非常幽默的方式公开谈论商业道德问题，这是非常行之有效的方法。而且，波罗维茨发现，他独特的幽默感可以成为改进商业教育的有用工具，对传统的商业道德课程也是有益的补充。例如，有一次，他在宾夕法尼亚大学沃顿商学院做完演讲之后，一位二年级的工商管理硕士生说："尽管企业领导的信任危机依然存在，但会开玩笑、懂得一点儿幽默，可能会帮助我们化解危机。"一位准工商管理硕士生说："太令人耳目一新了。我可以得出的一个潜在的教训是，别把自己太当回事。"[2]

在紧急医疗护理工作领域，急救人员对自我分离原则有大量的应用体验。从定义本身来说，急救是一件十分严肃的工作，事关重大，所以急救人员的工作压力很大，但他们的工作既紧张又有意义。为了有效、有意义地救助，他们必须与自我分离，与当时的情形分离，因为他们通常面对的是患者生死存亡的问题。不过在白天，他们常常也会找时间笑一笑。幽默可以帮助他们实现必要的自我分离，让他们与病人在情感上保持距离，这样他们就可以从远处客观地认识自己和工作，战胜自我，有效地克服当时的压力。在美国"9·11"恐怖袭击事件发生后，美国各地的社区开始负责制订各种各样的应急预案，用于处理火灾、车祸、炸弹袭击和生物恐怖主义等突发事件。在西南部某一个州的一个小县城里，每个月都要召开一次会议，出席会议的代表既有来自城镇、乡村和州政府的人员，也有警察、消防部门、紧急医疗服务部门、国民警卫队、环保组织、红十字会、业余无线电爱好者、卫生部门以及电话和电力公司代表。在持续两个小时的会议上，他们会讨论可能发生的重大紧急情况以及最好的应对措施。但他们也会利用幽默，集体发笑，既嘲笑自己，也调侃对方，让紧张严肃的气氛变得轻松一些。幽默让这个团队更加团结。

　　弗兰克尔在他的著作和演讲中提到过集中营中举行的一种即兴歌舞表演活动。难以想象，在集中营那样的地方还会有娱乐。这种娱乐活动包括唱歌、朗诵诗歌、讲笑话，甚至单人喜剧表演（有些表演是对集中营的潜在讽刺），任何人只要想表演都可以参加。这种活动很有意义，主要是因为可以帮助囚犯忘记恐怖的环境，即使只有片刻，也是很不错的。弗兰克尔报告说："一般来说，在集中营，任何艺术追求都显得有点儿荒诞不经。要是还能发现幽默感，肯定会让人吃惊不已。幽默是寻求自保的另一种有力的精神武器。"[3]事实上，在集中营的时候，弗兰克尔曾经训练过一个朋友如何培养幽默感。弗兰克尔建议他们俩保证每天至少要编一个有趣的故事，而且必须是关于他们出狱之后可能会发生的事情。其中一个故事讲的是未来的一次聚餐，这个朋友忘记了自己在哪儿，当汤端上来时，就恳请女主人"从底部"给他捞。这个请求很有意义，因为集中营提供的汤都是清汤寡水，"从底部"能捞到菜是极为罕见的，如果捞到豌豆的话，就算是特殊待遇了。

分清自我分离和否定很重要。自我分离是有意识的行为，而且具有明确的行动取向。我们明白自己的困境，选择的行为方式有助于我们与别人发展良好的人际关系。我们或许会与别人分担工作的重担，或许不会，但是我们知道工作意味着什么，知道自己在做什么。相比之下，否定通常意味着我们会忽视发生在自己身上或者别人身上的事情。换句话说，否定把我们与我们的经验以及经验带给我们的好处分开。我们在否定自己的经验时，同时我们也在否定别人的经验。因此，否定会导致关系中断，而自我分离却有助于建立联系，促进学习和成长。

练习自我分离也可以为我们创造机会，通过有意义的方式去了解别人。的确，我们永远也不知道别人的生活到底发生了什么。比如，有些同事甚至是朋友回到家可能很孤独寂寞；有些人回家可能还得面对冲突不断的家庭关系；其他人则会享受幸福的家庭生活。所有的人都会体会生活中的快乐和悲伤。我们努力保持收支平衡（交房租、还车贷、支付医疗保健费）、抚养嗷嗷待哺的小孩、教育青春期的孩子、解决没有孩子的问题、照顾年迈的父母，以及满足其他日常生活需要。每天，全世界的人都要应对生活中的各种挑战。有些人把自己所有的生活问题都带到了工作中，甚至在他们专心做手头工作的时候，心里想的还是自己的生活琐事。古希腊哲学家柏拉图建议："要心存善念，因为你所见到的每一个人都在打一场硬仗。"除非他们告诉我们实情，否则我们只能猜测他们在为何而战。我们自己在生活和工作中会遇到各种挑战，所以我们知道其他人也会遇到这样那样的挑战。我们从别人的支持帮助中受益良多，别人也会从我们的支持帮助中受益。如果我们主动接触别人，与他们分享更多自己的生活，我们就能在生活中找到更多的意义。同时，我们实际上也帮助别人找到了他们的生活意义。我们可以向别人学习，反思他们在错综复杂的生活中是如何找到应对挑战的方法的。我们可以从远处审视自己的生活，也可以从他人的生活来审视自己的生活，这两种方法都可以帮助我们找到生活的意义。

承认错误

能够把我们自己与我们自己的错误以及别人的错误分开，是生活和工作中一个非常有用的技巧。没有人喜欢犯错，但如果我们能承认错误，笑对错误，这会让周围所有的人如释重负。错误只不过是供我们学习的经验教训罢了。[4] 谁没有工作糊涂、犯傻的时候？犯错是在所难免的，是人生的一部分。有一句话说得好，人非圣贤，孰能无过？犯错是人之常情。知错能改，善莫大焉！但首先我们要勇于承认自己的错误。

上班的时候，如果有人走过来对我们说"我犯了一个错误"，那么大部分人都会同情他。承认错误需要自我分离，你要看着你自己说"我犯大错了"，然后继续你的工作和生活。其实，我们是那个不想犯错但却犯了错的人。我们内心那个不想犯错的人大部分时间主宰着我们的行为。但是错误是转瞬即逝的。如果我们对错误老是念念不忘，我们就会为其所困。如果我们承认错误，一笑了之，我们就是在安慰周围的人，让他们知道他们的错误也是转瞬即逝的，错误并不能说明他们是谁。我们都应该向连载漫画《卡尔文和霍布斯》中的卡尔文学习。在漫画里，卡尔文被绊倒了，翻了个身，摔倒在地上，结果他站起来，伸开双臂说："谢谢！"我们都应该向我们的错误说一声"谢谢"。更重要的是，我们应该向生活说一声"谢谢"。

当然，错误也有种类和轻重程度之分。严重的错误恐怕永远也无法使我们产生幽默的冲动，但它们却能给我们的生活带来启示，教会我们谦逊做人，最终让我们体会到生命的深刻意义。错误让我们知道，即使我们犯了最可怕的错误，我们也比错误更重要。

培养自我分离技巧

弗兰克尔在被关押在集中营期间经常使用自我分离技巧。他常常把自己想象成一个观察者，而不是囚犯，所以才坚持了下来。有一次，他在一个会议上向听众讲述了自己如何使用自我分离幸存下来的经历。下面是他的一部分讲述：

我反复尝试暴露自己的痛苦，以此与痛苦保持距离。记得有一天早上，我从集中营往工地走，饥寒交迫。我的脚被冻烂了，由于营养不良，它们已经肿得不成样子，它们被塞到鞋子里，让我走起路来疼痛难忍。我感觉前途渺茫，绝望之极。然后我就想象自己站在一个宽敞明亮、漂亮温暖的大厅的讲台前，正准备给兴致勃勃的观众做一个题目为"集中营的心理治疗经历"（这是他后来在大会上使用的真实题目）的讲座。我在假想的讲座中讲述的正是我现在所经历的事情。女士们，先生们，请相信我，当时我不敢奢望，有一天我还能有幸真的做这样的讲座。[5]

要像维克多·弗兰克尔那样，能够发挥自己的想象力，大胆勾画自己的生活蓝图，这直接有助于练习和阐述自我分离原则。经验证明，这可以让自己沉浸在自己之外的一个角色中（就像演员那样）来培养自我分离能力。例如，假设现在你就是电影《保卫你的生命》中的主角。在审判城，他们给你看了一段视频录像，里面有你人生最恐惧的一个瞬间（第五章已经讲过）。如果你在审判城，那么你会面临什么样的恐惧？你会如何去克服恐惧？你会如何为自己以前的行为辩解或辩护？让自己进入这样一个虚构的且有些自传性质的角色里，换一个角度看待自己的生活，这种做法会极大地提高你发现个人意义的责任感。

当然，说到底，自我分离与分离没有一点儿关系。自我分离已被证实是应对各种压力环境的有效工具，包括不可避免的困境和苦难。然而它的终极价值却在于，它有无限潜力，可以赋予生活真实完整的意义。培养和开发自我分离的能力与潜力，不仅要求解放思想，而且还要求坚持意义意志。我们只有不再做自己思维的囚徒，才能满足这些要求。

意义反思

意义时刻练习

回忆你在生活或工作中曾出现的一种情况：在你还没有找到合适的解决办法之前，你感觉需要与自己保持一定的距离（这可能正是你现在的问题）。或许你面临着家庭决定或经营决策与你的个人价值观或道德观不一致的情况。或许你遇到了需要马上采取行动的紧急情况。你是如何与当时的情况保持距离或把自己与当时的情况分离，让自己考虑和反思自己的态度和行为的？当你现在回想当时的情景时，你从中学到了什么？特别是，你对自己的自我分离能力有何认识？

意义问题

- 你会如何利用幽默来让自己与生活和工作中的挑战保持距离？
- 自我分离既是一种应对机制，也是学习和成长的工具，也是寻找意义的方法。你会采用哪些方法帮助同事、朋友或家人在他们的生活和工作中学习和应用自我分离能力原则？
- 如果让你观看自己的生活录像，就像电影《保卫你的生命》中所描述的那样,你会对看到的内容感到满意吗?

意义主张

我要实践自我分离原则,从远处来审视自己,从而更好地了解自己的行为,最终帮助自己找到更多的意义。

第八章
原则 6　改变你的关注焦点

> 减反省法的唯一目的是把注意力转移到积极乐观的事情上。[1]

有时候困境或严峻挑战会迫使我们去发现生命瞬间的意义。帕特里克·斯威兹是一位优秀的演员和训练有素的舞蹈家,曾因在大片《辣身舞》和《人鬼情未了》中扮演主角而成为很受欢迎的电影明星。不幸的是,斯威兹患上了胰腺癌,在同病魔勇敢地搏斗了一年半之后,他于 2009 年 9 月 14 日去世,去世时只有五十七岁。去世前一年的 10 月,他还在参与拍摄美国线业公司的电视剧《禽兽》,在里面扮演一个非常另类的美国联邦调查局特工。当时他接受《纽约时报》采访时说:"我对自己所做的工作感到自豪。当所有的数据都指明你要死了的时候,我们该如何保持积极乐观的态度?那就是去工作。"

我们都认识一些已经去世的人,特别是一些与我们关系密切的人。或许我们的亲人也患有胰腺癌或乳腺癌这样的不治之症,因无药可救而遗憾离世。如果我们幸运的话,那么我们还会认识像帕特里克·斯威兹和伊莱恩的母亲(在第一章已经讲过)这样的人,虽然很难确切说出他们在哪些方面对我们有影响,但他们的确是我们学习的榜样和楷模。这些人尽管面临艰难困苦和严峻挑战，却在最坏的条件下展示了人性最美的一面。从他们身上，我们看到了人类思想和精神的适应力和无限潜力，更加深刻地认识到，寻找意义才是全人类生存的主要内在动机。

安迪曾是一家大型软件公司的高管，管理着几个州的软件程序开发团队，公司在海外还有办公室。他的年收入超过十三万美元，享受的福利待遇很不错。但现在，这一切都成了过去式。与很多其他白领一样，他被解雇了，而且一时找不到能够提供相同或类似职位、薪水和福利待遇的工作。绝望中，为了生存，他只得勉强干一些收入不高的工作。安迪说："没错，非常时期需要非常生活。现在不是挑三拣四的时候。失业后，我先在一家百货商店卖珠宝首饰，后来在一家滑雪场当收银员，一小时挣八美元。现在，我从事的是高尔夫球具销售工作。"

然而，安迪可不仅仅是职场上的一个幸存者。他非常理解其他失业白领的心情，但他认为自己与他们处境不同，所以，他没有像其他失业者那样把工作当成救命稻草。你瞧，安迪并没有被挫折吓倒，也没有为金钱而担忧，没有丢脸或尴尬的感受。事实上，安迪感觉自己不仅没有倒退，反而是在进步。他酷爱高尔夫，现在干的工作正好和他的爱好有关。一开始，他在当地一家高尔夫球场用品专卖店帮忙，现在在一家小型体育用品店卖高尔夫球具。正是在现在的工作中安迪发现了更为积极的一面。"与以前相比，现在的工作简单多了，没有什么挑战性，但我学会了谦逊。"

他说,"我看见前来打球的人高度紧张。他们有时来晚了会错过开球时间,就请我帮忙。我很喜欢和他们打交道,因为他们会使我想起我以前的生活状态。"

从被解雇以后,安迪学到了很多东西。失业本来会让人感到绝望和内心空虚,可他却能从不幸中看到希望。他把注意力转向了生活中更重要的事情上,并在此过程中发现了更深刻的个人意义。比如,他不用再坐飞机在国内和国外到处飞,他很高兴有更多时间能与家人共享天伦之乐。弗兰克尔在书里曾这样写道:

在其他条件都相同的情况下,在竞争中失业还保持斗志的人比一蹶不振的人有更好的机会。假如两人申请同一份工作,前者被录用的可能性肯定比后者大。[2]

我(亚历克斯)小时候,只要遇到不如意的事情,脑海里总有一个声音对我说"想想别的事情"。我也会按照这种说法去做。记得十几岁的时候,有一次在参加障碍赛马比赛时,我被马摔进了水沟,马压在了我的身上。在水里的时候,我想到的不是自己的安危,而是我的马,希望马没有受伤,能完成比赛。事实上,我当时就是在实践减反省法,我没有关注自己的体验,而是把注意力转移到了其他事情上,其他更积极有益的事情上。

我们每个人天生就有很强的适应能力,不会把任何烦恼长时间记在心上。我们的注意力很短暂,兴趣广泛,无论做什么,都会全身心地投入。假如有人伤害了我们的感情，偷走了我们的玩具，或者吃了我们的糖果，大部分人都会本能地"想点儿别的什么事情"。也许会大喊大叫一会儿，但不会持续太长时间。正常情况下，我们不会抱着某件事情不放，或者对错误念念不忘。相反，我们很快就会继续开始新的冒险。总有很多更有趣的事情等着我们去想去做。可是，长大以后，这种能力却似乎消失了。我们学会了深思熟虑，这种做法对我们当然很有裨益。但是，如果我们痴迷于思考，对负面消极的东西念念不忘，思考对我们就有害无益了。

> 减反省法旨在抵消……强迫性的自我观察倾向。[3]

我们都希望自己的生活一帆风顺，不与别人发生任何冲突。但是，我们忘了冲突是生活的一部分。如果我们认为世界应该按照我们期望的方式运转，或者我们能够控制别人的思考和言行，这个时候往往就会出现冲突。如果我们认为自己的方法是最好的，这个世界不公平，我们想按照自己的想法去实现世界公平，那么这个时候往往也会出现冲突。如果我们感觉别人不尊重我们或对我们不好，感觉自己是不公平言行的受害者，那么这个时候也会出现冲突。我们对冲突的反应，不管是真实的还是臆想的，都会把我们束缚在自己的思想牢笼之中。我们耗费时间和精力生气反抗，受困其中，成了自己思维的囚徒。我们的能量停止了自由流动，已经开始对我们的健康，也就是对我们的精神、思维以及身体造成重大的负面影响。

我们可以选择继续生气和反抗，或者选择放弃。如果选择放弃，我们就可以把注意力转移到其他事情或其他人身上，开始慢慢地恢复到以前的状态。我们可以选择把消极的思想和被动局面向积极主动转变。这样一来，我们就能重新成为自己思想情感的主人。重要的是，这种方法能最终消除我们生活中的紧张和冲突。如果转变注意力，我们就会对问题产生新的认识，我们会开始从他人的视角来看问题。请记住，对每一个问题，总有三个以上的不同观察视角。减反省法鼓励我们去获取新的发现，使我们最终能放弃旧的观点、看法和行为模式。通过以意义为中心的探索过程，我们可以冲破条件的束缚，逐渐成熟，从而做出新的承诺。弗兰克尔说，减反省法可以帮助我们忽略那些生活和工作中本就应该被忽略的东西。

关注积极影响

多年以前，我（亚历克斯）曾在伊利诺伊州心理健康部门工作。我负责协调芝加哥市区内的社会服务工作，同时也在该州的一个心理健康机构住院部精神科上班。这个特殊的医疗机构与芝加哥其他医疗机构一样，到处挤满了病人。许多病人不是有精神问题就是有暴力倾向，我所在的科室的工作人员严重不足。医院住院病床有限，病人只好睡在走廊的地板上。我感觉我们没有尽到职业道德义务，没有为我们的人类同胞提供很好的护理。由各种各样的原因，工会成员和非工会成员都在不停地抱怨医院面临的问题，而且打电话请病假的员工越来越多，这无疑让医院的人手更加不足。我们作为监督者或管理者只好设法到一线去工作，所以经常会出现八小时轮班工作的情况。最后，抱怨和抵抗逐步升级为由工会领导组织的全面罢工。

我的上司丽塔是一位注册护士，也是一位资深的心理健康管理员。面对当时那种情况，我记得她是这样说的："他们真行！不过，工作还得继续。看看离了他们我们能不能行。""离了他们？"我心里想，"这怎么能行？形势危急，没有对策。或许，她还不明白这一点。"但丽塔对当时局势的分析着实令我折服。首先，她关注的是罢工的潜在积极影响，也就是，罢工可能最终会让我们得到长期匮乏的资源。其次，她强调同事之间的友情。只有在乎这个医疗机构的人才会留下来，她在那些留下来的人身上发现了十分珍贵的友情。我们开始对彼此有了更多的了解，比以前更加信赖对方。丽塔甚至请求病人尽自己所能也能帮我们一把。当时的情形让丽塔想起了她在越南陆军流动外科医院的经历。她在那样的环境下能够幸存下来，她确信这一次她也能化险为夷。我们把注意力转移到了积极经历上，所以能在困境中发现潜在的意义。丽塔的有效指导和减反省能力让我们深受启发。正如弗兰克尔所说，不管环境有多糟糕，我们也不会被环境打败。

创造性地转移注意力

发挥想象力也能帮助我们把注意力从一些潜在的消极事情上转移开，或像弗兰克尔所说的那样进行减反省实践。意大利电影制片人兼演员罗伯托·贝尼尼以善于运用丰富的想象力而著称。他可以让观众不用亲自到任何地方去就能有精神旅行体验。贝尼尼拍摄的电影《美丽人生》是世界闻名的，而且它获得了奥斯卡大奖。在这部电影中，贝尼尼讲述了一个犹太男人圭多努力保护自己的儿子，使其免受恐怖大屠杀影响的感人故事。在集中营时，圭多发明了一种想象游戏，还和他的儿子一起玩儿这个游戏。他通过游戏形式来告诉孩子集中营生活的特点，就是不想让集中营的恐怖气氛吓到孩子。圭多通过转移他和他儿子的注意力，从痛苦的集中营生活转向了轻松愉快积极向上的生活，让儿子免受恐怖氛围的影响，成功地挽救了儿子的生命（但电影却引起了一些批评家的非议，他们觉得电影用搞笑娱乐的方式来处理如此严肃恐怖的主题，既不切合实际，也不妥当。殊不知，贝尼尼的"喜剧"是以他父亲在纳粹集中营两年难以启齿的生活为原型的，因此，这部电影实际上是有事实依据的）。

弗兰克尔被关在集中营期间也利用各种幻想和绝望做斗争。他想象着自己与妻子一道拜访母亲的情景。爬山是他最喜欢的消遣方式之一，所以他还想象着自己又一次爬山的情景。他想象着各种人生乐事，比如洗个热水澡，参加更多公共活动，在一个座无虚席的礼堂做演讲。他说，正是他的高远志向帮助他摆脱了最后的绝望。对于囚犯来说，食物通常会激发他们的想象力，送他们走上精神探索之路。他们会反复想象出狱后最想吃的一顿美味佳肴，他们似乎能看到、摸到、尝到美味，甚至能闻到它诱人的香味。他们就是凭着这种想象熬过了多年绝望的囚徒生活。正是对美味佳肴的幻想给他们的生活带来了意义。

面对痛苦的工作或个人生活，我们要么选择放弃，要么坚持在工作中寻找意义。请记住，除非我们的一言一行受到荷枪实弹的警卫的控制，否则，我们依然有选择态度的自由，通常也能选择下一步该怎么走。工作压力大的时候，我们可以想想其他事情，比如最喜欢去的一个地方，最喜欢的一种活动，甚至最喜欢的一种味道。我认识一个女孩，她在自己的办公室挂满了环球旅行带回来的各种纪念品。当工作紧张的时候，她会选择最喜欢的一个度假地点，模仿电影《星际迷航》的做法，想象自己到了那个地方，直到完全放松下来为止。还有一个人想象自己在驾船航行，经常使用香薰疗法和音乐让自己进入臆想的精神状态。任何东西都可以成为你的逃跑意象，只要奏效就行。记住，一定要充分发挥你的想象力。用阿尔伯特·爱因斯坦的话来说，"想象力比知识更重要"。

如果我们对工作中棘手的事情过于斤斤计较，比如苛刻的经理、刚愎自用的员工、烦琐复杂的任务、乏味无聊的日常工作等，我们就看不见生活的意义。从苦恼中走出来，通过想象把注意力集中在开心的事情上，这两种能力能让我们获得自由，是我们真正的意义源泉。当我们需要做一些真的非常重要的工作时，比如做演讲或参加重要会议，创造性地转移注意力（弗兰克尔称其为"减反省法"）也很有用。我们要注意调整自己的呼吸，心情放松，想象自己在一个受到呵护的安全地方，这样就可以使自己平静下来。同时，我们也能保持自我，扮演好自己的角色，不会轻易受到别人对我们期望的影响。当我们把真正的自我带入工作情境中，即使我们不知道该说些什么，至少我们说的是真心话，会让别人知道我们的本性，我们是什么样的人。这正是大家都很敏感的事情。我们都承认，如果某个人表现得真实可信，我们就会喜欢他，感觉舒适，轻松自在。如果我们能运用想象力，从真实自我吸取力量，我们就能超越自己在工作中所扮演的角色。真实性伦理一出现，真正的工作就开始了。[4]

在工作和生活中面对困难时，运用减反省法能让我们变得更加坚强。我们甚至会更加自信，因为我们能用一种切实可行的建设性方法去应对困境。这种心态不仅可以让我们应对小的挑战，比如决定购买什么样的办公设备，而且还能解决诸如失业这样的大的挑战。从个人层面来说，以意义为中心的减反省法可以增强我们的适应能力和应对各种挑战的能力。忘记自己和当下的问题，把注意力集中在别的事情上，这会让我们觉得更自由。我们不再是自己思维的囚徒，再次恢复了意义意识，因此更能充分地去体验生活。

意义反思

意义时刻练习

"精神旅行练习"可以帮助大家练习减反省能力（也就是转移注意力的能力）。这个练习要求运用你的想象力，带你到别处体验精神旅行，从而让你对自己的生活和工作问题有新的创造性的认识。首先，写出你面临的一个挑战；然后罗列一些与你的挑战类似的状况。要充分发挥你的想象力，请记住，你试图要逃离困境，所以要确定那些不同的情况。

这个填空练习可以引导你去发现那些情况：（我的问题处境是什么？）就像（类似的状况是什么？）。例如，（合并两家不同的机构面临的挑战）就像（结婚）。再次开动脑筋，发挥你的想象。列出所有结婚需要的步骤，完成这个挑战需要的一些步骤或许会为你提供借鉴，让你认识合并两个不同的公司需要采取的步骤。比如，决定住所（选择新的最佳办公地点），邀请家人参加派对排练（邀请每个管理团队成员在合并前共进晚餐互相认识）。"精神旅行练习"可以让你避免陷入困境，尽快找到新的解决办法。

意义问题

· 你在面对困境时会如何发挥想象力来转移你的注意力?

· 假设你正面临变动带来的恐惧,你会如何转移注意力来战胜这种恐惧?

· 你会如何帮助别人学习减反省法,让他们学会应对生活中的紧张状况,比如,健康问题、失业问题或者财务问题?

意义主张

我要转移注意力,以便获取新的认识。只有这样做,我才能找到更深层的意义。

第九章
原则 7　要敢于超越自己

不要把成功作为自己的目标。你越把成功当作自己的人生目标，越想成功，往往越有可能与成功失之交臂。因为成功与幸福一样，可遇而不可求。成功必须而且也只能随着其他事情一起出现。成功是一个人献身于比自己更伟大的事业所产生的意想不到的结果，或者说是一个人服从自身之外的其他人时附带产生的结果。幸福一定会出现，成功也是如此。你要顺其自然，成功就会在你不在意它的时候出现。[1]

每天维塔都会给我们送信，她总是很高兴。这是她工作态度的标志。有一天，天气很糟糕，我们听见她在送信时还在吹口哨，我们就情不自禁地大声对她说："你真是好样的，谢谢你。"她感到万分惊讶，当时就停了下来，对我们说："谢谢。噢！听您这么说，我还有点儿不习惯。不过，我真的很喜欢我的工作。"我们很想对她有更多的了解，所以就追问："为什么你每天送信都这么开心呢？""我不只是在送信。"她激动和自豪地回答道，"我是在帮助人们保持联系，为社区发展做贡献。而且，人们需要我，我不能让他们失望。"

维塔的工作态度不禁让我想起了纽约市邮政总局大楼上的题词。"无论是雨雪天气，还是漫漫黑夜，都不能阻挡信使快速完成指定的邮件投递任务。"这句话是希腊历史学家希罗多德在公元前5世纪写的。遗憾的是，现如今，邮政人员经常会饱受诟病，首当其冲成为很多人抱怨的对象。人们抱怨他们缺乏服务理念，合作共事的同事"有暴力倾向"。不管这种说法是否合理，但"有暴力倾向"已经成了因工作而产生的所有消极情绪的象征。工作让人感觉单调无聊,还得经受日晒雨淋,忍受恼羞成怒的客户,日复一日地机械重复最终导致心头压制的怒火突然爆发,继而"大开杀戒",对自己在工作中遭受的所有不公平待遇进行报复。面对别人的批评和抱怨,工作者必须对自己选择的态度和做出的反应承担责任。在维塔的例子里,维塔就认真地承担起了这份责任。她相信自己是为了实现一个更高的目标,这个目标已经超过了她自身的个人需要。就这样,她把意义带到了自己的工作中,反过来说,她的工作也变得有意义了。

超越自我

弗兰克尔认为,超越自我的能力是人类另外一种独特品质。自我超越概念在意义疗法中也有所提及,它的确是人性的本质。换句话说,从根本上来说,人性就意味着关注自身之外的其他东西,并与之建立联系。弗兰克尔意识到自我超越过于抽象,于是就用人眼做了一个类比。

在某种程度上,你的眼睛也有自我超越能力。请注意:眼睛之所以能感知周围世界,就是因为它看不到自己,眼睛只有在镜子里才能看到自己。当我的眼睛感知到某种与自己相似的东西,比如,看见了一束光的周围有绚丽多彩的光环,它就感知到自己患有青光眼。当看见了模糊图像,就能感知自己患有了白内障。但是健康正常的眼睛是根本看不到自己的。这种观察能力被破坏的程度与眼睛感知自身的程度有关。[2]

我们与健康正常的眼睛一样,也有体验自我超越的潜力。然而,人性的独特之处就在于我们的选择。从弗兰克尔的生活和工作中,我们了解到,我们都有机会把这种潜力变成现实,我们可以选择关注自我,某种程度上,也就是选择自私自利,或者我们可以走出自我,去服务别人。不管选择哪种做法,决定权都在我们自己。但弗兰克尔坚信,只有超越自我,我们才能体会到终极意义。

在集中营……在这个活生生的实验室和实验场上,我们观察并见证了两种人。一种人行为举止卑贱如猪,而另一种人则形同圣人。人类自身同时具有这两种行为潜势,而最后到底具体表现为哪一种潜势并不取决于环境,而是取决于人类的决定。[3]

我们还可以从南非提出的一种名为"乌班图"的人本主义概念中找到有关自我超越的解释。[4]这个概念来自祖鲁语"ubuntu ngumuntu ngabantu",翻译过来的意思是"一个人之所以为人,是因为他人的存在"。"乌班图"本身谈论的不是人际关系,而是人类建立自己人性的方法,即要意识到他人人性的存在,并且要与之建立联系。事实上，通过超越自我，我们就能更好地挖掘和实现自我。因为生活有反射作用，我们与别人建立联系，我们就更能成就自我。在社区中生活会让我们对人性、归属感和意义有深刻的认识。

为了帮助大家了解自我超越的反射基础，下面就跟大家分享一个名为《回声》的小故事。

山路蜿蜒，我们把车紧靠山路的一边停下，开始沿着陡峭的山坡徒步朝峡谷底部走去。因为不用赶路，所以我们就停下来开始欣赏壮观的美景。在我们的前方就是克里特岛雄伟的最高峰"普希罗瑞特山"，也称为"伊达山"。这座山据说是宙斯出生和成长的地方，所以在希腊神话中具有特别意义。我们一边往下走，一边互相感叹，回归自然让人感到多么平静。就在我们继续交流的时候，我们注意到峡谷中有轻微的回声。"我爱你。"我们每一个人都开始大喊。大山把"我爱你"再次传了回来。在那一刻，我们知道，大山和宙斯教会了我们某种特别的东西。我们对生活的所思所想，我们的一言一行都会以某种方式返回到我们自身。就像我们在普希罗瑞特山谷的有意义的体会那样，无论我们说了什么，最终都会以某种方式反映在我们的生活里、我们的健康以及与他人的人际关系中。[5]

生活会以某种方式回报你的所作所为。我们的生活就是我们思想、言语和行为的反映。现在停下思考一下，你有没有注意听你内心的回声？生活从哪些方面在呼唤你？你对生活发出了什么呼唤？

著名网球选手安德里亚·耶格就实现了自我超越。安德里亚在参加网球巡回赛期间，曾抽出时间去世界各地的医院看望患病的儿童。网球生涯结束后，她决定把自己的一生奉献给身患绝症的儿童，给他们创造机会，体会病房之外的美好生活。她搬到科罗拉多州的阿斯彭居住后，成立了儿童基金会，修建了希望农场，专门接待身患癌症和其他致命疾病的孩子们。"我相信一次关注一个孩子的理念是有道理的。"安德里亚还说，"如果你能使一个孩子开心微笑，你在这个世界上就有了存在的价值。你承载着很多孩子对你的期待，当你从他们的眼神和心灵中看到力量、勇气和希望时，你就会觉得筹集资金时遇到的任何困难都算不了什么。"在接受美国国家广播公司《日界线》节目采访时，安德里亚的奉献和自我超越精神得到了充分的展现。当记者问她"你希望人们如何记住你"时，安德里亚不假思索地回答说："我不需要人们记住我，我希望人们能记住这些孩子们。"安德里亚的回答在很大程度上向我们表明，当我们在自己的生活之外发现意义的时候，人性的心灵之光就会发出最耀眼的光芒。

宽恕别人，成就自己

有过痛苦经历的人振作之后通常会成为我们学习的楷模，他们叫我们不要抱怨，不要深陷痛苦之中，而要主动学会宽恕别人。维克多·弗兰克尔、纳尔逊·曼德拉、圣雄甘地、昂山素季就是典型的例子。他们都在经历了苦难之后开启了对人类无私奉献的旅程。他们超越了自我，加深了对意义的认识，意义因此成了他们毕生追求的事业。

或许超越自我面临的最大挑战是学会宽恕别人。在这一方面，维克多·弗兰克尔是我们学习的典范。他不仅宽恕了纳粹看守，甚至还很同情他们。在《活出生命的意义》中，弗兰克尔讲到了一名党卫军军官，也就是他最后被释放时那个集中营的负责人。弗兰克尔被释放之后才了解到，那个军官"曾偷偷地拿出自己的大量积蓄到附近村子的药店为集中营的囚徒购买药品"。[6]而且，弗兰克尔并不同意"集体负罪"概念。根据这一概念，所有德国人，包括德国人的后代，都要为他们的同胞在大屠杀期间犯下的滔天罪行负责。弗兰克尔不遗余力地公开反对"集体负罪"概念，不过他的做法在战后初期并不被人们所理解。

纳尔逊·曼德拉也选择了宽恕。曼德拉被囚禁了将近三十年。在囚禁期间以及被释放之后，他都选择了宽恕。尽管我们无法像弗兰克尔或曼德拉那样经历同样可怕的生命挑战，但是我们可以学习他们应对挑战的做法。的确，如果我们稍加留意就会发现，每一天的生活都在召唤我们不要只关注自己的利益。我们知道，无论发生什么，我们都有选择如何应对的自由。我们可以抓住别人的过失不放，但这只会束缚我们的灵魂。相反，我们应该向弗兰克尔和曼德拉学习，学会宽恕别人。

宽恕意味着放下我们的痛苦。宽恕对我们自己健康的影响比对被宽恕者的影响要大。如果我们抓住痛苦不放，内心充满怨恨、哀伤和愤怒，我们就会自怨自艾。我们的痛苦就会变成面纱，我们会透过面纱去看自己和别人。我们的痛苦就会变成某种我们必须提供养料，让其存活下去并为之辩解的东西。如果我们不这么做，我们就会被认为是在容忍别人，让他们觉得他们对我们的不公平做法是"理所应当"的事情。但是，宽恕并不意味着忘记、淡化或纵容过失行为。宽恕主要是把我们自己从过失行为中解放出来。我们对发生的事情不必一定要表示赞同，但我们可以接受现实，最终学会放手。如果我们对别人的行为有更多的了解，能从他们的视角来观察生活，那么或许在合适的时候，我们甚至还会对别人或所有人产生同情或同理心。如果学会宽恕，我们就能解放自己，不受束缚。在宽恕别人超越自己的时候，我们就会发现，我们的自身利益也在无形中通过意义深远的方式得到了满足。

哈得孙河上的奇迹

很多实例表明，我们都是在挑战中学会了超越自我。2009 年

1月15日，全美航空1549号航班从纽约拉瓜迪亚机场起飞，前往北卡罗来纳州夏洛特市。飞机起飞不久，机长切斯利·莎伦伯格，小名萨利，用无线电播报了一条空中交通管制报告。报告称有飞机因撞上飞鸟，导致两个引擎失灵，这种情况十分罕见。空中交通管制员建议飞机立即返回拉瓜迪亚机场，或者飞到新泽西州的另一个机场。萨利认为这两个选择都不现实，当即宣布："我们要迫降哈得孙河。"把一架大飞机平稳地降落到哈得孙河简直是一个奇迹。但接下来发生的事情更好地阐释了弗兰克尔意义疗法的原则之一：超越自我。

当飞机开始沉入哈得孙河冰冷刺骨的灰色湍流之中时，头脑冷静的团队开始有条不紊地疏散弱者和受伤者，其中包括一名婴儿和一位坐在轮椅上的老太太。而且，在当时那种紧急条件下，乘客们往出口走的时候也都尽量保持冷静沉着，所以大家都快速安全地通过了安全门，跳上了机翼和紧急降落滑梯。所有这一切都是在极端恶劣的情况下完成的。大部分乘客穿的都不是户外衣，他们甚至连救生衣都还没来得及穿。有几个人甚至掉进了华氏36度（约为2摄氏度）的河水中，低体温症随时会吞噬他们的生命。同机的乘客本身素不相识，但他们也表现出了大无畏的无私奉献精神，冒着生命危险从河水中救出了同胞。

在这场严酷的考验中，萨利机长、副驾驶杰弗里·斯凯尔斯以及机组人员体现了高超的专业技术和冷静沉着的职业素养。为了确保每个人都撤离飞机，萨利两次去已经倾斜漂浮的飞机上查看，也是最后一个离开飞机的人。美国海岸警卫队船、游船和通勤渡轮上的船员也努力快速地帮助乘客离开飞机，他们甚至把自己的手套、救生衣和外套脱下来让乘客用，防止乘客体温过低。飞机上一百五十五名乘客和机组人员全部幸免于难。这就是人们所说的"哈得孙河上的奇迹"。那一天哈得孙河上发生的事情再次证明，我们能够迎难而上，克服困难。只有在与重重困难做斗争的过程中，我们才能超越自我，彰显人类的无私奉献精神，找到生活的深层意义。

团队精神

并不是每一个人都有机会去感受哈得孙河奇迹中彰显的人性。遗憾的是，如今很多人与他人没有太多联系，生活孤独，一旦出现紧急情况或者在日常生活中遇到困难，都无人可以依靠。一些人在社区没有与他人建立有意义的联系，因此不得不自谋生路，或者依靠陌生人和福利机构生存。有些人认为，人与人之间的距离感是由技术造成的，技术把我们彼此分开，所以产生了距离感。但我们认为还有一个更为重要的根本原因，"自我优先"的生活方式关注个人的权利，它才是让我们孤独的真正原因。因此，生活在社区的人会遭受孤独的折磨。如果不重视联系，我们就会有距离感。

我们需要更多的"团队精神"。团队的大小无所谓，可以是两个人或三个人，也可以是一个社区或一个组织。"团队精神"是指小组或团队成员之间的一种同志友情和协作精神，可以让彼此更好地合作共事。在理想的情况下，我们希望团队努力的结果比个人独立完成要大或者更有意义。我们都知道团队精神，也能感受到团队精神，但是到底什么是团队精神？一位团队精神研究的权威人士给出了这样的观察结果：

当你问别人，"作为一个伟大团队的成员，你有何感受"时，他们会说最主要的感受是团队经验很有意义。人们会谈论自己之外某种伟大事情、与他人的联系和创造能力。很显然，对大部分人来说，他们作为真正伟大团队成员的经历是他们人生中最出彩的一段经历。一些人在余生想方设法再次体验那种精神。[7]

无论团队规模有多大，团队精神总是大于团队本身。但是如果没有团队成员，就没有团队精神。团队精神在合作共事中产生。只要团队精神在，一切皆有可能。如果我们礼尚往来，互相帮助，我们就能提升个人精神和团队精神。团队精神高涨，我们就能放松心情，合作共事的过程就成了一种享受。我们就会被团队能量，甚至合作相处的愉快体验所吸引，创新精神就会自然显现，生产效率也会提高，同时还能发现生活的深层意义。

走出自我，无私奉献

　　有些人能够走出自我，为了他人生活和工作。他们这么做或许是因为本性使然，或许是因为在成长过程中有幸遇到了良师益友。例如，他们的父母、老师和老板能够以身作则，引导他们。他们给予他人帮助的本性常常和个人经历有关。可能他们小时候没有得到父母的关爱，能够体会孤儿的疾苦，所以后来才收养小孩。或许他们很富有，过着衣食无忧的生活，只是希望回馈社会，才加入了和平志愿者团体。或许他们已经达到事业的顶峰，开始寻找工作的深层意义，所以就在低报酬的非营利机构开始为他人服务。每天我们都会看到很多默默无闻、不求回报为他人工作的人，他们的行为真的是出乎我们的意料。他们才是我们这个时代的无名英雄。你要是问他们为什么这么做，他们或许还回答不上来。但我猜，他们肯定都会说"这么做感觉很好"。无私奉献的感觉真好，它满足了我们内心渴望超越自我的需要，让我们在满足别人需要的同时，更加深刻地体会了生命的深层意义。

　　在寻找生活意义的过程中，可做的事情有大有小。当我们超越了自己，不管对他人是无私奉献、宽恕体贴，还是慷慨相助和宽容理解，我们都会进入意义的精神境界。超越自我、无私奉献，让我们的生活更加充实。这个众所周知的真理是所有宗教传统的意义核心。它是一个谜，只可意会不可言传。如果我们真的对它有所体会，我们就抓住了意义的核心。

当我们与他人以创新高效的方式合作共事时，我们对意义才会有深刻的体会。当我们完全是为他人的利益工作时，意义体会就会更加深刻，得到的回报也将不可估量。每当我们超越自我，不以满足自己的个人需要为目标，我们就进入了弗兰克尔所说的"终极意义"王国。有人把"终极意义"称为"与自我、与我们自己的心灵、与宇宙意识、与爱、与集体利益的联系"。弗兰克尔决定把这种独特的心理治疗方式称为"意义疗法"，这个决定在精神层面来说十分重要。我们在第二章也讲过，logos 是一个普通的希腊词汇，这个词的词根除了可以翻译为"意义"之外，它还有深刻的宗教意义和内涵。但是不管是哪一种叫法，终极意义都是深层意义，它能够改变我们的生活。

如果我们只关注自己，满足自己的需要，我们就是自己思想和行为的囚徒。如果我们每日把精力都耗费在自我奋斗上，只从自己的视角去看问题，我们就限制了自己，无法与他人建立有意义的联系。只有在自我超越中才能发现最深层的意义。自我超越也不以满足自我的需求和愿望为目标，而是真心实意地关心他人。我们在帮助他人中找到意义，与此同时，我们也是在帮自己，让自己更接近我们的真实本性。

意义反思

意义时刻练习

回忆生活或工作中感觉需要超越自我、有效应对的一个情景。或许你面临的是一个棘手的家庭问题或十分复杂的客户问题,需要你给出非同寻常的解决方案。或许你面临着企业社会责任问题或者父母指导问题,需要你深刻反省来找出答案。你是如何超越自我,应对这种情况的?你的意识发生转变之后你做了什么?当你现在回想当时的情景时,你对自己的自我超越能力有何看法?

意义问题

· 你会以何种方式在生活中与自己之外的事情建立联系?

· 你会因为某个情景或某个人陷入愤怒之中,还是会转变观念,学会宽恕别人甚至产生同情心?

意义主张

我要超越自我,去寻找更深层的意义。

Prisoners
of Our Thoughts

第十章
生活的核心意义

人类对意义的追寻是生命的原始动机,不是本能驱使下的"二次合理化"。[1]

本书的七大核心原则是我们在维克多·弗兰克尔的意义疗法和存在分析体系的基础上提炼出来的。这些原则提供的深刻见解可以帮助我们了解如何才能生活得更有意义。我们认为，可以把弗兰克尔的成果总结概括为以下三个主要观点：

　　1. 我们始终都有选择的自由，这与意志自由有关。原则1（自由地选择你的态度）可以让我们明白，虽然我们无法决定哪些事情会发生，但我们绝对可以选择对待事情的态度。

　　2. 我们有责任去追寻生活的意义，追寻意义对人类的生存很重要。无论境况如何，生活都是有意义的。原则2（实现有意义的目标）建议我们去追寻生活的意义，并且一定要相信我们能找到生活的意义。

　　3. 我们可以随时随地找到生活的意义。不是去找寻生命本身的意义，而是要在我们自己的生活中，在每一个瞬间寻找最重要的意义。采用弗兰克尔的原则（原则3、原则4、原则5、原则6和原则7）可以帮助我们在生活经历中找到深层意义。

我们和许多其他人一样也从维克多·弗兰克尔的思想智慧中获益颇多。在我们大部分的工作和生活经历中，我们会经常提到他永不过时的智慧，特别是本书列出的七大核心原则。我们在本书中想传递一个重要信息：意义一定是我们生活（包括工作）的基础或者核心。如果我们不能理解生活的深层意义，就无法真的与他人建立联系。如果不了解意义的来源，我们就没有清晰的方向，无法引导自己走出生活的混沌状态，反而会变得特别脆弱，容易受到外界的负面影响。如果不能对生活抱有一种感激的态度，我们就不可能保持和睦的人际关系，增强自己的适应能力，应对生活中所有的兴衰沉浮。

意义危机

当今世界存在意义危机。这一点我们在第一章中也提过。很多人对我们说，他们感到不知所措，孤独，没有成就感。为了过上"好的生活"，他们牺牲了人际关系、失去了健康和理智，到最后才发现，自己的生活和工作实在是乏味无聊、没有意义。抑郁症患者越来越多。很多人根本无法适应现代技术、文化以及社会转型带来的快速发展变化。当个人找不到生活和工作的意义时，他们会感到空虚无聊，常常做出自我毁灭的行为。

可以断言，当代人所面临的威胁是生活没有意义，或者可以称其为"空虚的生活"。这种空虚何时才会出现？这种潜在的空虚何时才会显现？就是在无聊之时。²

现在，我们的生活方式和生活质量都明显提高了，但还是有越来越多的人似乎还存在这种焦虑或者处于一种空虚状态，弗兰克尔称其为"存在空虚"。"存在"与生存有关，主要探讨这样一些问题：我们为什么存在？存在的意义究竟是什么？

我们对个人和机构就意义问题进行了大量调查。很多被调查者告诉我们，他们感到很空虚，因为在短暂的人生中与其他人失去了联系。有的人是因为搬家了，有的人是因为感觉不再属于或者不再与小区、机构、社团、宗教团体或者政治事业有联系了，有的人感到与社会脱节，有的人担心国家误入歧途，有的人害怕恐怖分子继续干扰自己的生活，找不到人求助。他们还说，他们之所以空虚，是因为在他们人生的黄金时间缺乏目标，早晨没有起床的动力。看到很多机构裁员或缩减工作时间，减少福利，他们就担心自己会不会在职场中被淘汰。他们担心一直干合同工或者做兼职，生活会很不稳定。他们就像单调的跑步机上的仓鼠，跑得越来越快，结果还在原地打转。老人对我们说，他们不知道自己是否应该在有生之年多做点儿什么或者做点儿与众不同的事情。他们所做的事情低于他们的真实想法和预期，他们会安于现实吗？财务压力让一些人喘不过气，一堆无法支付的账单让一些人生活在水深火热之中，承担家庭重担（照看小孩、教育叛逆少年、照顾痴呆老人）让有些人不堪重负。他们担心不健康的生活方式会导致肥胖、萎靡不振和抑郁症的恶性循环。

很多人都有这种空虚感，这种"存在空虚"，但就是不知道该怎么办。有的人采取吸毒的方式逃避问题，有的人装出一副快乐的样子掩饰问题，也有人索性离群索居，推迟享受充实的生活。尽管没有被囚禁在钢筋水泥造的监狱里，很多人却觉得自己过着囚徒般的生活。约书亚就是一个典型的例子。从表面来看，约书亚看似无所不有。他有一份成功的事业，一位贤惠可爱的妻子，两个身体健康的孩子和几个高中挚友。但他的内心却是非常痛苦的。他说自己真想开车到机场，坐上飞机"逃跑"。他说他想离开家人，搬到一个新的城市去，换一份工作。这些迹象说明，他想脱离自己现在的生活。很遗憾，对约书亚和其他处于类似境况的人来说，逃跑并不是解决问题的办法。即使他在新的城市，建立新的人际关系，从事新的工作，他还会遇到同样的问题。总有一天，你会停下脚步，开始面对存在问题，愿意改变和成长。常言道："你的改变可能不会成功，但不改变肯定不会成功。"

令人欣慰的是，任何人都不需要陷入存在空虚。尽管偶尔会有短暂的存在焦虑，任何人都不需要处在永远的意义危机中。我们有解决存在空虚的办法。正如弗兰克尔所说，"每一个人内心都有集中营……我们必须用人类的宽容和耐心去面对，因为我们的宽容和耐心，我们会成为自己希望成为的那种人。"[3] 追寻意义是人类主要的内在动机，这个说法并不是伟大的思想家弗兰克尔第一个提出的。数千年以前，古希腊哲学家赫拉克利特、苏格拉底、柏拉图和亚里士多德就曾讨论过人类对意义的追求以及什么是"好的生活"。的确，柏拉图有一句名言讲的就是人类动机，"人是追求意义的存在物"。

越来越多的人开始追寻意义，而且人数还在不断攀升。这表明他们希望得到激励，想让自己的生活和工作真的变得有意义。他们希望发挥自己最大的潜力，尤其是在发生经济危机之后，他们更加渴望找到生活和工作的深层意义。根据《游行》杂志所做的危机影响民意调查，68%的被调查人认为"创造有意义的生活"很重要。这并不是说，其余32%的被调查人对此不感兴趣，而是说，有2/3的被调查人已经意识到，需要把创造有意义的生活作为头等大事来考虑。之外，还有83%的被调查人说，他们正在重新考虑自己的实际生活需要。这些发现可以被看作经济危机十分积极的一面。[4] 换句话说，经济危机的正面影响就是让追寻意义成了很多人关注的焦点，鼓励他们采取有意义的行动去应对生活中发生的深刻变化。

意义分析

在柏拉图的《申辩篇》中，古希腊哲学家苏格拉底说："不知反省的生活不值得过。"做意义分析（也就是存在分析）是为寻找深层意义进行生活反思的重要组成部分。弗兰克尔说，所有人最终既有自由，也有责任。按照两个主要的生活维度（见图10-1）来定位自己。[5] 图10-1中的横坐标两端分别代表成功（+）和失败（-）。纵坐标两端代表意义（+）和绝望（-）。意义是指完成或实现了个人的意义意志，绝望是指没有发现生活的意义，或者认为生活没有意义。

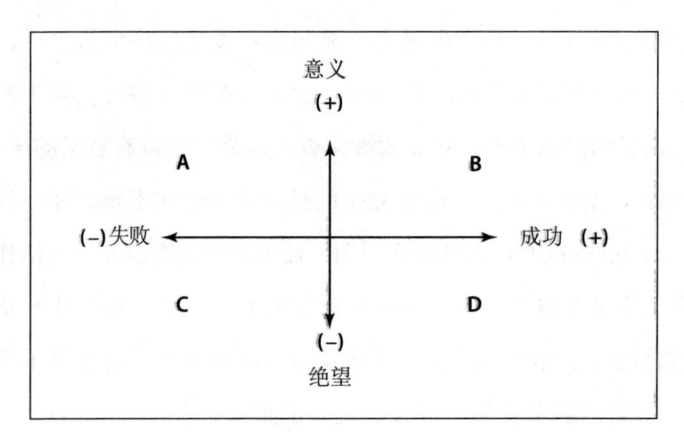

```
                     意义
                     (+)
                      ↑
          A           |           B
                      |
  (-)失败 ←———————————+———————————→ 成功 (+)
                      |
          C           |           D
                      ↓
                     (-)
                     绝望
```

图10-1 存在分析

许多人一生中在生活和工作上会有不同的成功体验，对意义的认识也会产生变化。因此，他们会发现，在不同的时期他们会在图表的不同位置。沿着横坐标或者纵坐标，根据自己的具体情况，就能给自己定位，找到自己所在的象限。从传统意义上来说，可以划归到 D 象限的人很成功，物质财富很丰富，但是没有成就感，内心感到空虚或绝望。例如，一位企业主管很富有，但他认为自己的工作没有成就感，或者自己的生活没有意义，或者他觉得两者都没有，就可以把他确定在 D 象限的某一点上。A 象限的人与其正好相反。从社会标准来说，他们可能不是经济状况较好的一类，可能干的是低收入、低职位的工作，或者是在为非营利事业做义工，靠微薄的收入或者退休金过着简朴的生活，但他们可能对自己的工作和生活感到很满意。

属于 B 象限的人，从社会标准来说，是成功人士，从意义标准来说，有成就感。你可能会想起缅因州汤姆公司的创办者汤姆·柴培尔（见第四章），他保持在横坐标成功的那一端，同时还在坚定不移地沿着纵坐标朝意义奋斗。不要忘了克里斯托弗和达娜·里夫（见第三章）感人的生命故事。相比之下，那些属于 C 象限的都是一些穷困潦倒的人。他们相对来说不太成功，更重要的是，他们没有成就感，从个人意义的角度来说，或许还很空虚。

意义分析要求我们退后一步，重新思考什么才是生活中真正重要的事情。问问自己：我想从生活中得到什么？对我来说什么是成功？有些人会说，他们只想获取经济财富，但随着研究的深入，我们发现，大部分人真的需要自由、目标、健康和与别人交往。换句话说，他们想过有意义的生活。如果我们只把经济物质作为衡量成功的标准，我们就限制了人类的价值。如果我们只为钱和"物"而奋斗，我们就错失了生命旅程的真正意义。意义是

第十章｜生活的核心意义　　171

人之为人的本质核心。当我们开始花费时间认识自己，以自己的真实身份为荣时，我们就是在深入理解意义的内涵。弗兰克尔曾在 1953 年的一封信中这样写道："据说，'有志者，事竟成'。我想加一句，'有目标者，意志竟成'。"要知道，我们的生活缺少系统安排，我们加入的机构组织和社会团体数目有限，得到的引导也很有限。所以，知道自己想从生活中得到什么（我们的目标），然后努力（我们的意志）去发现对我们来说真正有意义的事情，这一点就显得格外重要。

意义学

我们的工作现在得到了扩展，也对意义进行了广泛研究。我们称其为"意义学"。意义学可以定义为"对生活、工作和社会中意义的研究和实践"。通过开展前沿研究、意义测试、教育项目和提供战略性建议，我们有实力引领这个新兴的意义领域。我们称其为"意义运动"。我们的总体目标是引领大家走向更加有意义的未来。尽管贯穿本书的七大原则可以帮助学习和探讨维克多·弗兰克尔在《精神疗法和存在分析》中总结的主要理论，但我们觉得还有必要提供较为清晰明确的方法，引导个人和集体采取切实有效的措施去追寻意义。我们的具体目标就是研究这个复杂话题，揭开它的神秘面纱，通过制订具体的行动步骤，让人们在日常生活中找到更多的意义，让更多的人从中受益。

让我们从"意义"的定义开始谈起。许多人在日常会话中都使用过"意义"这个词，但却不能对其实际含义给出一个明确的定义。有些人把"目标"和"意义"两个概念混淆，互换使用，但却从未指出两者的区别。有人说，"意义"是关于"心智状态"、"投入"或者"发挥优势"。我们认为这些定义都有局限，对实际生活不是特别有帮助。还有人将"意义"定义为"重要的事情"或者"对我们来说重要的事情"。我们赞同后两种定义，但我们还想深入挖掘一下，从精神疗法或者存在意义方面，对意义进行一番形而上学的整体思考。我们把"意义"定义为"与我们的真实本性或核心本质所产生的共鸣"。例如，我们感觉某事重要，或者我们知道它对我们很重要，这是因为它与我们的真实自我产生了共鸣，与我们的核心本质产生了共鸣。核心本质使我们独一无二，是我们做人的基础。

既然我们已经对"意义"进行了定义，接下来该怎么做才能让每日的生活变得更有意义？和维克多·弗兰克尔一样，我们都相信意义已经存在，我们的工作和个人责任就是在生活中寻找和发现这种意义。通过研究和实践，我们发现了可以发现深层意义的三个普通要素，可看作是对第三章到第九章描述的七个精神疗法原则的综合、简化和拓展。这三个要素形成了一个新的范式（可看作一种独特的思考方式或认知模式），我们称其为"OPA 意义准则"。

- 与他人建立有意义的联系（O）
- 对从事的工作要有崇高的目标（P）
- 用积极的态度拥抱生活（A）

"OPA"由这三个要素的最后一个单词的首字母缩略而成，十分简单好记。OPA意义准则是生活工作的准则，可以帮助我们深入了解如何进一步追寻意义。

在《OPA方法：让你找到生活及工作的快乐和意义》这本书里，我们说明了这个准则的由来。我们在希腊境内进行了一场艰险旅行。旅行期间，我们大量回顾了希腊的哲学、神话和文化，概括出了准则中的三大要素，详细介绍了相应的九种做法和二十七条途径。这些做法和途径都是从实践推导出来的，是对这些要素的有力支撑。以下是对OPA意义准则（O表示他人，P表示目的，A表示态度）的简要介绍。需要强调的是，所有内容都和维克多·弗兰克尔的精神疗法和存在分析理念密切相关，本书前文部分章节也介绍过。

与他人建立有意义的联系（O）

《卫报》最近发表的一篇文章强调了青少年身处现在这个混沌的世界所面临的问题。[6] 研究显示，青少年（年龄在十四岁至二十一岁，被称作"手机一代"，"Z世代"或"K世代"）因为学业和个人相貌压力患有典型的青少年焦虑症。研究也显示，现在的青少年比以前更加焦虑和怀疑一切。面对父母的收入没有保障的情况，受访的 79% 的青少年担心找不到工作，72% 的青少年担心负债，只有 6% 的受访者表示，他们相信大企业会做出正确的决定，只有 10% 的人认为，政府会做正确的决定。政府和企业都因为不关心普通民众而饱受诟病。最有价值的研究发现是，尽管科技对这一代来说十分重要，但依然有 80% 的受访者喜欢和朋友在一起共度时光，而不是打电话或者在线联系。这一代远比我们想象的要孤独。他们渴望联系，特别是面对面的交流。这正好证实了亚里士多德的观点，"人本质上是社会动物"。我们人类是社会动物，我们渴望交流和归属感。

与他人有意义地建立联系是 OPA 意义准则的第一大要素。我们可以把自己与他人的互动交流看成村落的一部分，以此来建立有意义的联系。我们可以通过比喻，用"村子"这个概念来定义和描述许多不同的人群，可以用它来指代几个家庭成员，也可以指代一个社区、组织、城市，甚至是一个国家的所有的人。构成村子的并不是群体人数的多少，而是彼此共享的协作能量，把选择定居这个村子的人团结起来的能量。意义危机产生的部分原因是缺乏与别人真实有效的联系。我们把自己孤立起来，并不能发挥自己的最大潜力。村子的存亡，从实体意义和形而上学两方面来说，都取决于所有居住在村子里的人的集体力量。是选择积极地与村子建立联系，还是选择退出，所有的行动都会积极或者消极地影响村子的状态。村子作为一个整体，实际上比部分之和要大，因为村子的活力取决于所有在村子里生活和工作的人的互动交流。

如果我们信任自己和别人，就能最大限度地发现意义。如果我们不信任别人，不尊重别人，或者不去寻找共同点，我们就会失去寻找生命深层意义的机会。即使我们不赞同别人的观点，我们也要尊重别人，因为这是追寻生命深层含义的途径。当我们找到了别人的兴趣，我们就能在扩大自己对外在世界认识的基础上，加深与他们的深层联系。当我们与他人发生冲突时，应该停下来思考别人这样做的原因，而不是心怀戒备地指出别人的错误，指责他们像个白痴。在很多情况下，那些忙着指出别人问题的人实际上是不想面对自己的问题。

村子是通过一次次的谈话交流逐渐建立起来的。要找到深层意义，我们必须每日在村子里建立联系。我们必须和别人打交道，开始新的交流，表明我们在意我们之外的东西。我们这样做是为了证明，我们知道不能只顾自己苟且偷生，我们需要依赖别人。村子给我们一种舒适感，因为有人会在村子里为我们服务，同样，我们在村子里也会为他人服务。只要别人需要我们，我们也需要他们，我们的生活就有意义。我们需要自问一下，我们是不是真的尊重村子里的其他人？我们努力与别人建立真实的关系了吗？还是只是匆匆走过，利用别人来满足自己的需要？我们是与激励人生无限可能的鼓舞人心的人为伍，还是满足于普通平庸的生活，让大部分互动流于表层（比如发短信或通过脸书等社交媒体平台来交流）？

在意义学实践中，我们已经研发了三个测试，用来测量受试者当前在生活、工作以及团队或组织中对意义的思考和感受水平。测试对OPA意义准则的三个组成要素（他人、目的和态度）分别进行了评分。有趣的是，"他人"这个要素在意义学生命测试记录中的得分最高。许多参与者的测试报告显示，他们在与他人建立有意义的联系方面表现不错，特别是与"目的"和"态度"两个维度的测试得分（见下文）相比。还有很多受试者表示，他们没有采用其他方式，而是采用与别人建立联系的方式找到了意义。这就证明了一个事实，那就是建立有意义的联系是人类追寻意义过程中一个十分重要的组成部分。

对从事的工作要有崇高的目标（P）

很多年以前，在一次家庭聚会上，我们问侄女安娜长大后想做什么。安娜当时大约有四岁。她转向我们十分自信地说："成年人。"她的回答把吃饭的人都逗笑了。迄今为止，我们认为安娜天真的回答是我们听到的对这个问题最为诚恳的回答。通常我们都希望回答者说出某个具体的研究领域或工作。如果想要得到有意义的答案，那么或许我们应该这样问："你长大了想成为什么样的人？"因为这种问法和具体的某类工作或职业没有关系。

对从事的工作要有崇高的目标，是OPA意义准则的第二大要素。请注意"目的"和"意义"并不是一回事。"意义"与"目的"的不同之处在于，意义本身不是终点，因为当我们发现意义时，或者至少在我们认为自己已经发现了意义的时候，意义并没有停止不前。正如维克多·弗兰克尔所认为的那样，意义在我们的生活中始终存在。"目的"是"意义"的整个概念中不可分割的一部分或组成要素。有一个目标，特别是有一个能帮助确定和指导我们生活的目标，无疑是十分重要的。然而，并不是每一个人都能幸运地发现或实现人生目标。或许人的正常寿命会被意外事故、战争、自然灾害或者不治之症缩短。或许他们在年轻时找到了某种目标，但是感觉与自己的实际情况相差太远，目标渺茫。这些不幸让我们为那些没有机会发挥自己潜能的人感到疑惑又难过。

即使有些人无法充分实现自己的人生目标，这也并不意味着，他们的人生就没有意义可言。正相反，所有人的人生都有意义。即使你与目标之间的联系不紧密，你还可以通过与他人建立有意义的联系（O）和用积极的态度拥抱生命（A）（这是OPA意义准则的第三要素，本章后面会提及）来发现意义。"过上幸福生活"是什么意思？我们请生活在北美洲的人对其进行定义，交谈中大部分人谈论的是追求经济物质财富。但是在希腊，明确表示想过有目的的生活的人超过了想积累经济财富的人。这种有目的的生活通常包括认识你自己、恪守真实的价值观和目标，以及主动去为别人提供服务。从本质上来说，这种方法主要是为了创造生活，而不是谋生。

许多人为了满足别人的期待会掩盖自己真实的一面。你会经常见到有人东施效颦吗？有一次我们参加一个宴会，女主人的衣着打扮明显与自己的性情不符，她扮演了一个精明、世故的上流社会的人，就像《唐顿庄园》里面所描绘的那样。这位女士非常美丽可爱，但不知为什么她觉得需要这样装扮。在其他情况下，人们迫于压力遵从父母和监护人选择的人生道路。尽管他们在内心深处也知道，那条路或许是别人为父母或监护人做出的替代选择。以我（伊莱恩）自己为例，我的父亲很早就决定让我成为一名税务会计（这并不能体现我的核心本质）。我后来选择的工作违背了父亲的意志，父亲就取消了对我的资助，以一种十分巧妙的方式试图引导我回到他喜欢的轨道上去。幸运的是，我很小就意识到，我的核心本质和我的真实本性并不是父母所认为的那样。我本能地意识到，我要负责创造自己的生活，我必须走自己的道路。正如古希腊作家和哲学家欧里庇得斯所说："生命对于每个人来说只有一次，过我们自己的生活。"我们在地球上的生存时间十分短暂，不要浪费时间去过别人的生活。

许多关于目标的讨论都是围绕着选择任务或工作，以工作或职业为主。但是，我们强烈地意识到有必要深入探讨一下这些问题。意义挑战的核心是探索了解你自己，然后运用这些知识去创造丰富而有意义的人生。作为OPA意义准则三要素之一，目标旨在帮助你寻找你的身份，理解你的核心本质。世界上的每一种生物都有其存在的天性、品质或属性。人生最大的挑战就是去发现并拥抱自己的核心本质。我们经常感觉沮丧和孤独，就表明我们的生活不符合自己的核心本质，没有发挥自己的最大潜能。从存在主义的角度来说，只有与自己的核心本质相联系，我们才能在生活中找到成就感。

许多人也问过我们，怎样才能发现自己的核心本质？我们的建议当然也会因人而异，但这里可以给大家推荐一些常用的方法。

所有的经历都能让你认识你自己。你永远都不会真的偏离你的轨道，因为所有的经历都是有意义的。如果你能回过头重新审视一下，你就会发现，每一段经历都能让你深入了解真实的自己。我们称这些经历为"微意义"，也就是一些帮助你发现自己独特道路的线索。有人认为，如果你开心，你就知道自己的目标和道路了。我们不同意这种说法。所有的经历，不管表面上看是积极的还是消极的，愉快的还是悲伤的，都为我们提供了很好的学习机会，因此，也提供了个人成长的机会。生活不是为了追求享乐，而是为了追寻意义。

从更广阔的视角去重新规划你的生活。要注意自己的生活模式。如果你有重复行为，那么你要能辨认和理解它们。比如在一些情况下，你的反应是一样的，或者有些经历循环出现，有的或许能给你带来最大的益处或最大利益，有的或许不行。就像电影《土拨鼠之日》中的一个场景所展现的那样，主人公在改变之前，注定要日复一日重复度过每一天。你在接受某个教训之前或许也在重复度日。或许你以前做出的决定导致了你现在的生活朝着某一个方向发展，但现在你意识到，这不是你真正想去的方向。你可能需要放弃现在的某些生活，包括为了成为真正的自己，改变一下你的态度。请记住，你的改变不一定会让你成长，但你不改变肯定成长不了。

聆听别人的见解。敞开心扉，聆听新的看法，以此来增加对自身的了解。了解你的"阴影面"或"黑暗面"，也就是你个性中你不了解的部分，或许因为它们不符合你要塑造或者投射给别人的形象，可能被你压抑了很久。了解你的优点和缺点，在你沿着自己的道路寻找深层意义实现你的最大潜力之时，它们为你提供了非常宝贵的视角，可以帮助你认识真正的自己。在这方面，我们在同各种客户打交道的过程中发现，策略规划和竞争分析组织采用的SWOT分析技巧对个人意义分析很有用。这个技巧包括寻找个人优点、弱点、机会和威胁。如实地找出你的关键品质，根据SWOT模型依次分类，最好是在别人的帮助下自己来完成。你可以在真实世界中拓宽视野，真实地认识自己。

在自身之外寻找人生目标。发挥自己的最大潜力包括利用你的才能、性格和价值观去帮助别人。问问你自己，你是如何受到吸引去帮助他人的，你喜欢做的是什么事情，这都是为这个世界做贡献的积极而有意义的方式。西班牙著名的艺术家巴勃罗·毕加索有一句名言说得好，"生命的意义就是找到你的天赋。生命的目标就是把你的天赋送给别人"。

把自己与童年回忆联系起来。了解你的核心本质或真实本性常常涉及回归你想要的自然状态。你可以回顾那些让你的童年充满活力的事情，可以从中获得某种启示。

努力与自己的核心本质建立联系，这是在帮助你构建有意义的生活，让你不必在看法和评论的压力下过一种不属于你的生活。在维克多·弗兰克尔看来，能够追问自己生活的意义恰好体现了真正的人类本质。"没有哪种动物，包括蚂蚁、蜜蜂在内，提出过它们的存在是否有意义这样一个问题。但是人类提出了。人类关心生存的意义，这是他们的特权。人类不仅在寻找这样的生存意义，而且也有权利这么做……毕竟，这是知识分子诚信和真诚的标志。"[7]

用积极的态度拥抱生活（A）

为什么有些人比别人更善于应对生活的挑战？为什么有些人把生命之杯看成是半满的，而其他人则会看成是半空的，或者是不仅半空而且还是漏的？用积极的态度拥抱生活是 OPA 意义准则的第三大要素。它要求我们以坚韧不拔和欣赏感激的态度拥抱生活的全部，包括成功和失败，欢喜和忧愁，美好的时光和痛苦的时光。没有这样的态度，很难找到人生的意义。（见图 10-2）

图 10-2　意义差异图

意义是能量和燃料，能促使人类在个人生活和工作生活中发挥自己的最大潜力。我们需要时刻关注我们的意义"油量表"，以确保油箱不会变空。我们与汽车一样，是不能空腹前进的。我们不要老是处于无动于衷、乏味无聊、愤世嫉俗、事不关己、悲观失望或束缚压抑的状态。我们必须努力在生活中寻找意义，保持油量表满格，这样我们就有足够的能量有效面对生活的挑战，发挥自己最大的潜力。

变化是不可避免的。然而，还是有不少人孜孜不倦地在生活中寻找"平衡"。这种"平衡"纯属幻想。古希腊哲学家赫拉克利特与释迦牟尼和老子是同时代的人。关于变化，他提出过十分经典的看法。"你不能两次踏入同一条河。""一切都在流动之中。"

生命就像河流一样，始终在流动变化，我们无法对其进行控制。因此，培养个人韧性，培养从变化中迅速恢复或快速适应变化的能力，比努力控制生活中的活动或事件要重要得多，而且要能更有效地减压和发现此刻生命的意义。

我们在旅途中目睹了试图控制生命之河的后果。例如，不久前，我们在香港参加了一系列公共演讲活动。与中国其他地方一样，香港的家庭通常也是一个小孩，家人把精力都放在了这一个孩子身上，希望孩子成功。结果，孩子一周要上六天学，为了确保在亚洲、欧洲以及北美洲能申请到顶尖大学的名额，还要参加很多的课外班。我们在一所学校进行了参观和演讲。那所学校的学生抑郁程度和自杀率高得很不正常，当时有一位最受学生喜爱的老师自杀了。学校有意将意义作为学校的核心使命，帮助面临风险的青少年处理霸凌、脱离群体、自尊心较弱以及其他问题。讲解 OPA 意义准则是帮助学生、教师和管理者应对压力的十分重要的第一步。[8]

尽管我们有只想通过享乐支配生命的愿望，但我们也必须意识到，所有的生命都需要奋斗。不知为什么，我们似乎很欣赏电影或电视剧里的奋斗场面，却不想在现实生活中去进行同样的奋斗。试想一下，如果一部电影故事只讲美好的时光，那么我们很有可能认为这部电影很无聊。可是，我们却像偷窥狂一样受到励志电影、戏剧、反派角色和助人为乐者的吸引，受到诸如《饥饿游戏》三部曲、《外星人》、《教父》、《绿野仙踪》、《卡萨布兰卡》、

《星球大战》系列和《泰坦尼克号》等成功大片所塑造的人物形象和故事情节的吸引。

我们要用积极的态度来拥抱整个人生。我们要明白，为了减少生活的压力和焦虑，恐惧会怎样束缚着我们，并试图改变我们的生活。现在科学研究告诉我们，压力和疾病之间有极大的关联。的确，长期的压力，比如面对婚姻、经济或者工作有关的问题时遇到的压力，会影响一个人正常能力的发挥，甚至会降低其疾病免疫力。我们解读生活事件以及处理恐惧和生气情绪的方式会影响身体内能量的流动。我们能否恰当地处理自己的情绪对我们的身体、情绪以及精神健康有极大的影响。现在医学治疗都转向了全面或综合治疗，开始关注疾病的背景，比如疾病产生的原因，而不是仅仅关注疾病症状本身。有趣的是，这场运动完全回归到了基础医学上来。古希腊医生希波克拉底就是通过观察病人的整个生活方式来确定他们生病的根本原因的。我们也看到回归克里特岛或地中海饮食的有意义的运动，倡导人只吃植物性食物，而不吃加工食品，因为人体很难消化加工食品。把关注焦点从疾病和精神疾病转到健康和生活方式上来，可以把国家的"疾病治疗管理系统"转化为真正的医疗保健系统。这样一来，就可以帮助人们生活得更健康更有意义。

当我们从人生的一个阶段走向另一个阶段时，比如毕业，搬到一个新的城市，改变工作或职业，退休……许多人都会面临调整生活状态和生活态度的双重挑战。正是在这样的过渡时期，我们对生命意义的看法就会受到严峻的考验。重要的是，所有人生的转折阶段都是我们成长和发现意义的契机，这和盲目回归习惯的做事方式、回到舒适区的做法正好相反。我们必须为自己做出这样的选择，因为这在很大程度上是由我们的积极态度和不想做自己思维的囚徒所决定的。

我们不用经历所谓的中年危机，完全可以在后半生开始寻找爱得更深、意义更深远的目标，并发现更深刻的意义。作家马克·盖尔宗在《找到自我：认识成人的蜕变过程》一书中对此观点有详尽的解释。[9] 不要把中年之后的生活看作一种危机，而要将其想象成一种探索，一个能激发我们无限潜能的机会。但是，我们如何认识"中年"是由我们的态度决定的。我们感觉，大家太过于关注退休后的经济状况，而不太关注当下所面临的存在问题。退休的字面意思是"隐退"。很多人很早就退休了，但马上面临孤独和毫无目标的生活。如果五十五岁退休（我们见过很多人都说愿意这个年龄退休），那么未来的三十年（根据平均寿命来算）他们打算做什么？开始一段新的恋爱，抓住青春的小尾巴？还是用整容手术抚平眼角的皱纹？这些做法只能让退休者离追求深层意义的道路越来越远。

人类的寿命总体来说比以前更长了，但人类却不知道如何生活。在中年和退休这两个重要的生命阶段，我们还可以重新设计自己的生活，迎接新的有意义的机遇和挑战。我们都是自己的自传作者，我们也可以改变自己的生活故事。我们可以成为帮助别人的有用资源。毕竟，生命是一个创造性的过程，一场精神冒险，它并不由你的年龄本身来决定。我们的生活就是一种选择。把意义作为你的生活核心，过有意义的生活，尽自己最大的努力去过有意义的生活吧！

意义反思

意义时刻练习

参照图 10-1,你会把自己放在哪一个象限?你想在哪一个象限里?你有没有维克多·弗兰克尔所说的那种目标和意志,让自己朝着自己想去的象限努力?

意义问题

· 你在个人生活中会如何定义"成功"?

· 描述一下你的核心本质或真实性情。

· 与别人建立有意义的联系(O),对从事的工作要有崇高的目标(P),用积极的态度拥抱生活(A),你认为自己在上述哪一方面有优势?

意义主张

我要努力过自己的生活,与自己的核心本质相联系。

第十一章
工作的核心意义

生存斗争是"为了"生存而进行的斗争,它的目的很明确。只有这样,斗争才有意义,才能赋予生活意义。[1]

我们常常把工作和生活分开，但事实上，工作与生活的关系密不可分。工作会消耗我们的时间和精力，而且常常会决定我们在哪生活，去哪旅游，以及如何利用经济资源。我们会频繁地把工作中遇到的冲突带入自己的生活，同样也会把生活中遇到的问题带入工作。如果考虑到我们在"工作上"花费的时间（包括有酬劳的，也包括没有酬劳的，比如做志愿者），你就不会感到奇怪，寻找工作的意义是或者说应该是一个备受关注的重要问题。无论是经营公司，开公交车，做饭，打扫旅馆房间，还是帮助病人和无家可归者，我们的工作其实反映了意义在生活中是否在场。在与客户的很多约见中（即使不是大多数），我们请客户分享过去近三个月里发生的最有意义的事情。有趣的是，超过 90% 的反馈描绘的是他们的个人生活经历，而不是工作生活经历。仅有一小部分参与者相信，或者至少没有意识到，他们的工作是意义的源泉或会成为意义的源泉。其他人只是希望工作能带来意义，但不清楚如何在工作中找到意义。

我们认为职场存在意义危机。很多人和我们分享过自己的感受，他们都觉得职场缺少点儿什么。他们工作时紧张焦虑，不知道如何才能实现小组或者机构的整体目标，同事间缺乏同情心和信任感令他们十分恼火，总体感觉与别人缺少联系，不能全心全意投入工作。职场缺乏意义的根本原因有很多，下面是我们在国际意义研究所从研究、访谈和实践中归纳的几点原因。

·员工把没有意义的个人生活带入了职场。他们可能不知道自己想从生活中获取什么，所以就把时间投入到了当前的工作中，得到了薪水，但不关心工作、同事或者工作机构。他们可能已经身心疲惫，还要处理生活中的各种问题（比如离婚、照顾小孩或老人，或者处理各种健康问题），这样就没剩多少精力用于专注自己的工作。

·年轻员工在职场中感受不到工作的意义，他们的期待和现实之间的差距让这种情况变得更加糟糕。他们通常面临着从学校向职场过渡的难题，职场向他们提出的新要求让他们不知所措。年轻员工告诉我们，他们希望工作再轻松有趣些。对于那些在高刺激、快节奏环境中长大的人来说，他们的注意力持续时间有限，所以连续工作八小时对他们有些困难。他们经常没有耐心把一件任务从头到尾干完，感觉工作乏味无聊，请求机构能分配多种不同的任务，而机构又无法满足这样的要求，尤其是对那些在入门级的岗位工作的人。现在的年轻人喜欢更为灵活的工作安排，可以自己选择最喜欢的工作方式去完成工作。有些人回避许多机构中常见的传统等级制度。很多年轻人不想在令人窒息的"命令和控制"规章制度下工作，担心会失去自己的个性。他们有过这样的经历：小时候，有人会问他们喜欢看什么电影，喜欢去什么餐馆或在星巴克和别人一起制作一种新的咖啡饮料。这些经历无形中影响着他们。他们希望在职场能平等参与决策，但在很多情况下这种想法根本不可能实现。他们还抱怨说，很想与领导有更多的沟通，如果领导不想聆听他们的建议或看法，他们就会十分失望。许多年轻人想晋升，觉得自己已经做好了担任领导的准备，但晋升十分困难，因为很多机构取消了中层管理职位，通过外包工作，让机构处于空心化状态。此外，许多老员工还没有到离职退休的年龄，这无形中又让两代人之间有了新的冲突。

· 老员工向我们抱怨说，如果他们工作技能不娴熟，年轻人就不尊重他们，这让他们感到很气愤。他们感觉好像无法融入以年轻人为主的工作环境，缺乏曾经"习以为常"的稳定的工作方式。老员工迫于压力需要经常"在线"，不停查阅邮件，或许还没想好就得做出决定。他们特别讨厌在外花费太多的时间，不能和家人、朋友在一起。

· 许多员工，无论是年老的还是年轻的，都觉得工作没有意义，没有目标。创新项目本来是令人感到十分兴奋的工作，但在他们看来，只不过是另一项需要完成的任务而已。许多员工告诉我们，大家太关注机构的财务状况，反而不太注重"工作中的人为因素"。很多人厌倦了"职场游戏"、矛盾冲突和官僚作风。

· 职场缺乏意义还和机构与员工之间的关系越来越不稳定有关。许多机构为了降低运营成本，获取更大的弹性发展空间，选择减少全职工作岗位数目，把全职员工变成兼职员工或合同工，外包工作，或者直接解聘员工，以较少的投入获取最大的回报。员工的反应当然是对机构的忠诚度降低，他们会选择短期的工作，然后继续选择做别的事情。在这种情况下，员工的敬业程度降低也就不足为奇了。如果机构不对它的员工负责，那么员工也不会对机构忠诚。

· 我们采访过的很多人都问，如果领导只是关心自己能从机构得到多少好处，那么他们为什么要忠于领导？在很多案例中，领导的收入确实超过了应得的数目。例如，在甲骨文公司，执行总裁拉里·埃里森的薪酬金额大约为一亿美元，大约是最低员工工资的三千倍。[2]（当然，很多娱乐界和体育界的人也有很多额外收入。）员工们得知公司的股价飙升，但不幸的是，他们并不拥有公司任何股票。他们看着领导开着雷克萨斯或特斯拉到公司上班，这些事情每日都在提醒他们公司存在着不平等。有些员工最后模仿领导的做法，觉得他们也应该得到更多，试图尽量获取更多的收入，这也就不足为奇了。

工作不敬业

大量的从业人员调查显示，从业者在敬业度上的得分较低，这充分说明职场存在意义危机。盖洛普咨询公司从20世纪90年代起就开始研究敬业度。该机构的报告称，只有大约30%的美国员工非常敬业。令人吃惊的是，这些研究表明，不敬业的员工人数超过了敬业员工人数。该公司在调查研究的基础上，根据敬业程度确定了三种类型的员工：

1. 敬业型员工。他们对工作充满热情，感觉自己与公司有十分密切的联系。他们有创新动机，能够推动公司向前发展。（约有30%的员工。）

2. 消极怠工型员工。他们基本都被解雇了。他们在工作日浑浑噩噩，出工不出活儿，缺乏工作热情，或者没有把精力放在工作上。（约有52%的员工。）

3. 积极怠工型员工。他们不光感觉工作不开心，还忙着到处宣泄他们的苦恼。每天，这类员工都会破坏敬业型同事取得的成就。（约有18%的员工。）[3]

据盖洛普咨询公司发布的消息，尽管被调查机构也制订了提高敬业度的计划，但在过去的五年里，敬业度数据依然保持相对平稳，没有大的改变。[4]

这些惊人的消极怠工员工数量与美世咨询公司对十七个国家三万名员工的《工作调查》结果不谋而合。根据美世咨询公司的调查结果，美国有将近1/3（32%）的员工正式考虑离职，21%的员工不喜欢他们的老板，工作敬业度和忠诚度较低。[5]世楷家具公司在对全球各个行业的调查研究中发现，在十七个世界最重要的经济体中，有超过1/3的员工是不敬业的。这项研究提出的一个令人困惑的问题是，不敬业的员工是否在事实上抵消了敬业员工的工作努力。[6]

美国有超过一半的员工工作不敬业（包括高层领导，其敬业程度也很低），这说明我们的职场是有问题的。这说明员工没有尽心尽力，没有发挥自己的潜力。他们或许是在上班，但工作不努力，浪费时间，推迟项目，根本不关心公司是否能完成目标。有些员工把工作推给别人，破坏创新和计划改进，甚至偷窃存货、供给或金钱。他们的消极态度会影响到小组其他人，会为别人创造一种不利的环境。[7]他们甚至都不上班，假装生病或身体残疾请病假。这些员工只是为了获取薪水和福利，但他们的消极甚至中立的态度会影响整个公司。员工的工作敬业度决定了公司的业绩。有些分析家得出的结论是，前25%的行业机构（敬业员工最多）和后25%的行业机构（不敬业员工最多）相比，最后的利润总体差距为22%。而且，盖洛普咨询公司估计，积极怠工型员工生产效率低下，会给美国经济造成3 280亿美元的经济损失。[8] 人员变动造成的其他成本，例如缺乏知识、顾客潜在满意度较低、培训新员工，所有这些都是员工敬业度较低的公司所面临的挑战。

工作敬业度问题不只是公司和其他私营企业机构需要关注的问题，而且是各行各业都需要关注的问题。例如，医疗保健机构对如何提升员工敬业度越来越重视，因为消极怠工型员工和积极怠工型员工会对服务的质量和成本产生巨大的负面影响，而质量和成本是医疗保健行业改革的两大核心问题。[9] 根据《福布斯》杂志公布的数据，敬业度依旧是第一大问题，有87%的被调查公司正在考虑将文化和敬业度作为优先考虑的事情。[10] 为了提升敬业度，许多人力资源部门纷纷推出一些福利措施，比如医疗保健和福利计划、远程办公、弹性工时、分担工作、带薪陪产假和领养假、继续教育、指导培训、退休计划、请假做志愿者、提供免费食物和站立式办公桌，甚至允许带宠物办公。有些措施能增加员工的满意度，但大部分措施还不能提升员工的满意度。我们从盖洛普公司所做的调查和其他类似的调查结果可以看出，美国公司的员工敬业度一直处于较低水平。现在该尝试采用新的方式了。

意义是核心

不过，关注敬业度并不是解决问题的最好起点。我们需要找到产生敬业度问题的根本原因,而这个根本原因就是工作缺乏意义。未能帮助员工找到工作的意义是大部分敬业度问题的根本原因。这也是很多创新计划很难实施并最终失败的主要原因。我们的研究和职场创新管理方面的经验表明,这些计划并没有以有意义的目标为根基,所以员工只是将其看作又一项任务而已。

需要深刻理解维克多·弗兰克尔所说的"追寻生命的意义是人类内在的原始动机"。加薪、奖励、特殊待遇和项目都是外在之物,他们来自外部世界。我们需要从内在动机开始,内在动机来源于个体内部。真正的敬业首先需要了解个人存在的意义,认识自己(自己的兴趣、天赋以及动机),然后才能进一步认识实际工作的意义,包括我们如何做好工作,工作对公司内部其他人以及整个社会会产生何种影响。如果我们自己与意义有深度结合,与工作的深层意义建立联系,我们就会更加敬业。简言之,找到工作的意义是敬业的前提。

我们在国际意义研究所的意义研究工作证明,从意义核心开始,带着意义工作是提高敬业爱岗、适应能力、健康幸福、业绩和创新的主要驱动力(见图11-1)。户外服装和装备公司巴塔哥尼亚只做两件事:制造最好的产品,不给他人造成伤害。该公司会鼓励并采取一些有助于环保的方案。每一个在巴塔哥尼亚工作的人都知道公司的这一深层意义。通过培养这种意识,他们就能发现自己工作的意义。巴塔哥尼亚的足迹记录和生命共同体计划帮助员工进一步强化了这种认识,增强了员工对彼此的信任,提

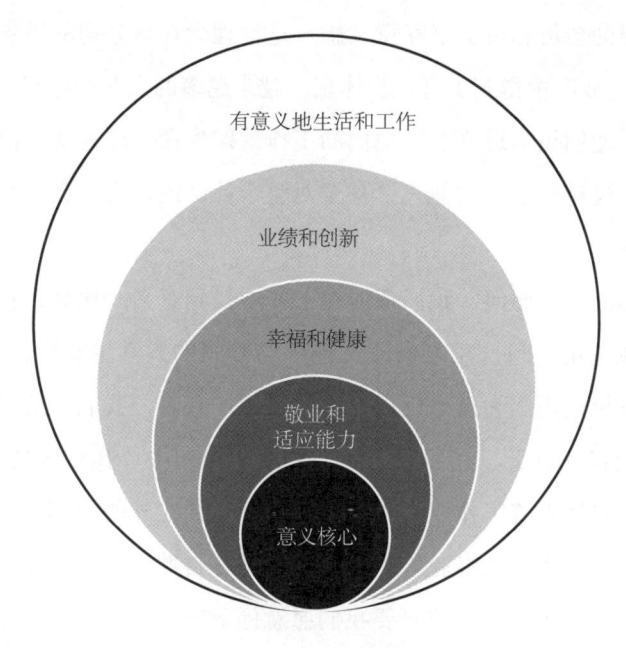

图中文字（由外到内）：
- 有意义地生活和工作
- 业绩和创新
- 幸福和健康
- 敬业和适应能力
- 意义核心

图 11-1　意义核心

升了他们的意义意识和敬业程度。当困难时刻来临时，员工就能提醒自己工作的伟大意义，以此增强自己的适应能力。

　　明白自己为什么做某事也能改进我们的抗压能力。如果我们发现工作的意义，我们的能量和健康幸福指数就都能提升。好的业绩和创新能力可以通过有意义的工作来实现。苹果公司就是一个很好的例子。该公司致力于探索和表现自己的创造力，以此来帮助别人发现工作的深层意义。温市信贷储蓄（Vancity），作为北美最大的信贷合作社之一，通过社区领导力和社会福利计划，致力于帮助会员和员工培养意义感。这种理念在该公司的励志口号"赚良心钱"中得到了进一步体现。越来越多的人开始追问工作的意义。他们想知道答案，他们的工作就像生命一样重要，他们的工作不仅对自己，对他人，甚至对整个社区或社会都会产生很大的影响。

无论境况如何，我们都能在工作中找到意义。比如，打扫卫生间或旅馆房间、反复修改文件、给吵闹的大学生餐厅送食物、开着飞机运送因为航班延误而牢骚满腹的乘客，我们在这些工作中都能找到意义。在职场，我们要么积极地去寻找和发现意义，要么就只能看着工作成为我们"真实"生活之外的一部分。如果选择后者，无数的经验告诉我们，那是在自欺欺人。即使我们认为自己很讨厌工作，但只要我们愿意停下来，把自己的工作与意义联系起来（因为我们本身与意义有着十分广泛的联系），那么我们就能得到意义的回报。问题是，我们是否愿意建立这样有意义的联系？

工作的意义不在于享受，而在于它能激励我们顺利度过每一天。北美飞利浦公司于2013年5月所做的一项全国工作（生活）调查结果显示，美国员工为了从事对自己有意义的工作，甚至愿意接受减薪。因为除了别的因素之外，这些工作还能允许他们通过工作创造生命遗产，所以他们工作起来非常投入。[11] 那么如何能找到工作的意义和职场的意义？让我们回到意义学，OPA意义准则为我们提供了理解和发现工作深层意义的重要框架和实用工具。

这个以意义为核心的准则在第十章介绍过，它包含三大核心要素：与他人建立有意义的联系（O），对从事的工作要有崇高的目标（P），用积极的态度拥抱生活（A）。让我们应用 OPA 意义准则来寻找工作的意义。

与他人建立有意义的联系（O）

在工作中与别人的互动交流可以让我们感觉一整天过得很有意义，意义无处不在。回忆一下第七章介绍过的汽车司机温斯顿。他把每一个开车的瞬间和每一位乘客都看作建立有意义的联系的机会。乘客在他的生命中都是匆匆过客，但他却在每日与他们分享生活的经历中找到了意义。按照维克多·弗兰克尔的观点，这是"实现经验价值"的典型实例，也是意义的重要来源。[12]

我们在意义工作中访谈过的大部分人，包括来自不同背景和工作环境的客户，都表示想与同事建立有意义的联系。大部分人都希望有一种集体"村落"归属感，这正是 OPA 意义准则不可分割的一部分。许多人对我们说，他们在生活的其他方面找到社区或"村落"感，所以也想在工作中找到归属感。他们希望在人性较为宽容的环境里工作，这样就有机会与别人建立联系，并关心和欣赏别人。反过来，他们也希望别人能关心和欣赏自己。有些人觉得他们在职场没有被平等对待，自己超负荷工作却得不到认可或回报。

正如我们在图 11-1 中所见到的那样，意义是任何组织机构建立文化的基础。所有的一切都能形成意义文化，比如，使用的词语、讲过的故事、对工作业绩的期待、领导风格、人们玩儿的"游戏"、散播的谣言、如何给予晋升和赞美、如何对待消极行为、如何解释在方向上的变化等。意义就出现在这个社区每一天的建设之中。通过一些小事，比如把群体集会看成是"创造社区感"，而不是典型的"跨部门的异地而处"，这样做可以暗示大家，集会的目标是把大家集中在一起，建立一个有共同目标的社区。每一种工作都能在某些方面促进机构的发展。个人的价值和贡献应该得到认可，如果我们相信别人能创造不同，他们就会创造不同。重要的是，这种认可可以增强联系，把单个贡献者团结起来，形成一种社区精神，否则就无法形成这种社区精神。这种阐释以维克多·弗兰克尔的意义疗法为基础。让我们回到意义疗法的词根 logos（第二章已经讲过），这个词对我们理解人类动机的本质有深刻的精神内涵和实践意义。

如果机构规模庞大，尤其是村子处在流动或虚拟状态，创建工作村就会更具挑战性。如果不熟悉共事的同事，与他们没有面对面的交流，就很难建立真正的联系。如果机构转向新的弹性设计平台，核心小组成员一起设定目标，工作上互相协作，其他人以合同工或自由工作者的身份利用自己的精湛技术为机构服务，那么这对寻找共享意义是一种挑战。机构可能会采用在线虚拟交际工具，比如网络电话 Skype，将"人脸与名字一一对应"。有些机构用小组成员的在线视频介绍来创建虚拟村。这些努力是对创建更为人性化的社区的小小尝试。作为人类，我们处在千丝万缕的关系之中，所以，不管我们做什么，只要能表明我们很在意与别人建立联系，我们就朝正确的方向迈进了一步。

自上而下的创新，也就是由高层管理者负责制订所有的创新计划，或许在过去市场较为稳定的时候是一种好方法，但在今天市场复杂多变的情况下，需要的是更加包容和同心协力的方法。打造以意义为中心的文化需要每一个人为创新出谋划策，帮助机构实现目标。而且，大部分员工也想参与到制订方向和决策中去。根据我们在创新管理方面二十多年的工作经验，机构必须在各个层面实现创新。创造以意义为中心的文化意味着打造一个安全的环境，让所有的员工（包括外部合作伙伴）可以无拘无束地投入到工作中。我们也需要解决很多领导面临的自相矛盾的状态。他们要求员工"跳出固有思考模式"，提出新想法，可是自己却紧紧抓住旧的组织结构和程序不放，那些组织结构和程序的设立只是为了提高效率和控制成本。

那么，谁应该对创造以意义为中心的文化负责？值得注意的是，知名的敬业度调查中提出的一些问题似乎只关注机构应该为员工做什么，得到的反馈是这样的：我的主管似乎关心我的个人情况，工作上有人鼓励我继续发展，上周我的工作做得好，得到了认可或赞扬。这种问题是在强化我们的期待，我们认为领导或管理者是创造意义文化的唯一负责人。这种想法是不对的。所有的参与者都必须意识到，他们都是创造意义文化的一部分，应该承担起创造意义文化的职责。我们应该摒弃以自我为中心的做法，感谢每一个人在村子创建中发挥的作用。

对从事的工作要有崇高的目标（P）

　　一切都从意义开始。有一次，有人请我（伊莱恩）在梅奥诊所讲一讲如何进行意义创新，我根本没有意识到当时发生的一件事会对我产生如此深刻的影响。梅奥诊所以先进的医疗护理技术闻名世界。我认为，该机构做了一件很了不起的事情。他们邀请了两名"顾客"，也就是一对在梅奥诊所接受治疗的患了癌症的夫妻参加许多医疗机构会议。这对夫妻坦率地讲述了听到各自的诊断之后的惊恐与不安，以及面对无数医疗治疗程序产生的恐惧和忍受的巨大痛苦。值得注意的是，在讲述中，他们流露出对诊所员工深深的敬意和关爱。在他们接受治疗的各个阶段，诊所的员工不仅为他们，也为自己和同事创建了一个很好的康复环境。他们似乎知道，在梅奥诊所工作不仅是一个与病人，而且也是一个与所有人分享意义的机会。从住院到接受治疗再到出院护理，意义在整个过程中无处不在。等这对夫妻讲完，在场的人，包括我在内，无不眼眶湿润。

　　或许在医疗保健环境下比较容易看到工作与意义的直接联系。但是如果我们能了解工作的整体目标，明白自己工作的意义，就不会产生这样的想法。比如，亚马逊在线物流中心员工或许在为小孩包装生日礼物、挑选启蒙学习书，或者只是为人省钱让用户生活得更好的时候就与意义建立了联系。接待员也可以在直接把人送到正确的办公室，减轻来访者的压力，或者在协调文书工作帮助别人的过程中找到意义。葬礼主持在帮助人们处理死亡给人带来的打击中也与意义建立了联系。甚至在大家认为最平凡的翻转汉堡包工作中，也可以找到意义，即为奔波的人提供食物，或帮助预算紧张的人提供外出用餐的愉快体验，这些都能让我们找到意义。

最重要的是，员工能在机构的整体目标与整体目标如何帮助他们发现意义之间找到联系。然而遗憾的是，很多机构除了赚钱，不知道自己的目标是什么。他们找不到机构存在的原因。没有明确的目标或机构的领导无法向员工传达形成共识的目标，员工就不知道机构对自己的期待，就得时刻检查自己所做的决定是否正确。如果员工不知道自己的工作与机构目标之间的联系，以及自己为机构目标所做的贡献，就无法把自己看作机构的必要组成部分。他们就感觉不到自己的重要性或者自己的工作的重要性。领导不要想当然地认为，员工能看到这种联系或者员工知道机构需要他们做什么以及这么做的原因。

我们认为，机构的目标（做事的原因）和使命（一项重要任务）紧密相连。我们把两者重叠的部分称为"意义使命"。所有机构都需要明确他们的意义使命，因为使命是促进整个机构发展的动力。有些机构有很强的意义使命感。比如，星巴克的使命是激发和培养人文精神，努力做到每人、每杯、每个社区。贺曼公司的意义使命是庆祝生命的每个小小瞬间。美国西南航空公司的意义使命是空中旅行大众化。乔氏超市的意义使命是把欢乐和热情带给顾客。强生公司的意义使命是减轻别人的痛苦。我们把意义定义为与自己核心本质或真实本性达成的共鸣。这些意义使命宣言帮助这些机构明确了自己的核心本质或真实本性。最为重要的是，意义使命必须真实具体。我们曾经合作过的一家公司把"帮助别人吃出健康"当作公司的使命，但当该公司自豪地推出它的年度新产品一种加工过的高热量含糖点心时，我们感到很失望。

许多机构都在进行重大的变革，为职工提供人性化的环境，着力寻找工作本身的深层意义。随着科学技术越来越能代替机构的日常工作，机构越发需要关注意义以及领导技巧。每个机构并不是静态的组织机构图或结构，而是处于动态的社会变化之中。好的领导懂得工作需要人性化，最为重要的是，他们明白为什么意义是企业立足的根本。唐纳德·伯威克博士是医疗保健改善专家和美国医疗保险与医疗补助计划前主管。唐纳德认为："那些认为光靠创新工作成绩报告和提供临时奖励就能找到工作意义的领导，其实失去了获取最好的也是最难的领导能力的机会——帮助别人在工作中发现和庆祝意义……我们知道魔法就在意义之中。"[13]

正如维克多·弗兰克尔所说，意义意志是人类最基本的生存动机。我们还认为，领导者的基本职能就是帮助员工找到工作的深层意义并与其建立联系。领导要首先发掘自己的工作的深层意义，然后创造条件，让其他人也能在自己的工作中找到意义。事实上，领导的第一要务是在机构中捍卫意义，因为这将促进敬业程度、适应能力、身心健康，把公司业绩和创新能力提升到一个新的高度。正是在此背景下，我们呼吁机构用"意义为中心的领导力"来取代典型的等级管理机制和传统的领导模式。在这一点上，意义应该成为每个领导职位描述的内容，成为每个人业绩回顾的必要组成部分，以此来确保意义是机构身份和意义使命的核心内容。[14]

领导者只有首先了解员工如何发现意义，才能激发他们的活力，释放他们的才能。接下来，是要让员工看到，他们的工作与个人目标完全一致，以此帮助员工强化对意义的认识。这样一来，领导就可以帮助员工从更广阔的视角去认识自己的工作，而不是只关注需要完成的工作。当然，也不能采用同一种方法来解决所有问题，要因人而异，要知道哪些方法能激励员工，帮助他们树立目标，形成自己的工作风格。有些人希望独立完成常规项目，这样会让他们感觉好些；有些人喜欢和同事一起工作，但或许不喜欢实际工作内容；还有些人可能还想承担更多的责任，当领导。一个能力很强的领导能帮助大家发现各自通往意义的道路。

带着深层目的的工作的一个基本要求是认识你自己。你需要花些时间和精力来询问、反思和真正了解你是谁，而不是成为别人希望你成为的那种人。你需要花些时间去发现什么才是对你真正重要的事情，什么能激发你，什么才是有意义的事情。越来越多的人希望工作能和自己的个人价值观、兴趣、才能相一致。他们想做有意义的工作，把自己的才能应用到自己认可的事情上面，利用自己独一无二的创造力帮助别人。人们经常会思考一个问题：我应该从事什么样的工作？这个问法不对。应该这样问：我的核心本质或真实本性是什么？一旦弄明白了这个问题，我们就能围绕着它来创造我们的工作和生活，发挥自己的最大潜力。

用积极的态度拥抱生活（A）

工作的意义并不仅仅局限于我们所做的工作、生产的产品、提供的服务或所处的办公建筑，反而是主要涉及形而上学的相关方面，也就是两个人或更多的人在一起互动交流形成的能量。从这方面来看，工作的意义不仅要考虑互动中每个人的身心状况，而且还必须考虑他们的精神状态。这些维度都是紧密相连的，每一个维度都会对我们是否能实际感觉到意义有十分重要的影响。

奥伊斯坦·斯盖勒伯格是瑞典斯德哥尔摩一家大型设备制造厂斯高泰科的创始人。他为我们提供了一个公司重视职场人文精神的绝好实例。斯盖勒伯格创建公司文化的准则就体现在这句话中：自信是起点，快乐是要素，爱是核心。他的公司员工没有职务头衔，这可以避免让一些人有特权感。每个员工的名片上只有一张照片和一些必要的联系信息。有一次，有人问他对职务头衔的看法，他回答说，如果一定要给员工职务头衔的话，那么他不会像大部分创始人那样做，他只会用"列奥纳多·达·芬奇"或"潜力无限"之类的头衔。他认为："每一个人都是列奥纳多·达·芬奇。可问题是，他们自己并不知道这一点。他们的父母也不知道这一点，没有把他们当作列奥纳多来看待。因此，他们也没有变成列奥纳多。"[15] 这就是他的基本观点。此外，所有参与制造机器的员工都会把自己的名字签在最终的产品上面。这样一来，客户不仅与产品的研发者和生产者直接建立了联系，而且也强调了公司完全透明的全面质量管理理念。斯高泰科甚至还采用了一个更为务实的做法，那就是一年一度的"员工评价"是由随机选择的员工组成业绩审核团来进行评价的。据斯盖勒伯格说，由于没有人知道每年谁会进入业绩审核团，所以，"大家对每一个人都会保持微笑"。

化妆品和皮肤护理公司美体小铺已故的的创始人安妮塔·罗迪克曾说过，人们真正需要的是在职场保持活力。[16] 工作常常会给我们提供机会，让我们表达自己的看法和独特的创造力。如果工作真的给我们提供了这样的机会，那么它也会给我们带来活力。如果工作不能提供这样的机会，或者我们担心过度，我们就会失去活力。所有人都应该知道什么能给自己带来活力，什么会让自己失去活力。除此之外，就像罗迪克建议的那样，我们应该努力去尝试一些让自己工作充满活力的事情。

职场抉择公司是世界上最大的综合性员工服务和工作生活供

应商。该公司就员工援助项目所做的最新全球评论结果显示，过去三年（2012—2014），抑郁症、压力和焦虑案例总体增加了将近50%。[17]很多人说自己经常感觉压力很大。研究显示，工作中的慢性压力会导致身体疾病或加重已经存在的影响健康的症状。这种压力和工作之间不健康的关系并不仅仅出现在办公室或职场。滴漏效应确实对家庭和个人生活都有害无益。员工的精神健康当然也是影响每个机构最终成败的一个重要因素。患有严重的精神问题和情绪问题的员工数目的大幅增加正好说明，把健康，特别是把意义作为机构的头等大事十分必要。

　　精神、思想和身体之所以缺乏活力，主要是因为我们常常使生活充满了恐惧和刻板教条，只看到了生活中的不足，而没有看到生活丰富多彩或光明的一面。开阔我们的视野，用灵活的思维来拥抱生活，把精力集中在我们想干的和已经拥有的事物上，而不要把精力浪费在那些我们不想做也不曾拥有的事物上。只有这样，我们才能提升自己的适应能力，遇到挫折或挑战时才能快速有效地重新振作起来。正如维克多·弗兰克尔所说，我们最终都有选择态度和为自己创造不同经历的自由。我还记得与一位高级业务主管客户交谈的情景。这位主管拥有相当成功的事业，但对自己的成就很不满意，因为他还没有当上首席执行官。不管这位主管有多成功，他总是把目光集中在差距上。我们建议他认真反思一下能从这种工作状态吸取什么样的教训，能发现什么深层意义。或许没有实现自己设定的目标可以让他去体会生活中其他重要的事情。对差距的执着是矛盾意向的表现，事实上，他是在和自己作对（第六章原则4）。如果他能放下对差距的执念，那么他或许可以为自己腾出空间，开始一段新的生活。最后，我们告诉他，如果他能放下执念，他或许能明白，他并不是自己思维的受害者或囚徒。即使他不能改变现状，至少在他面临各种处境时可以自由地选择自己的应对态度。

用积极的态度拥抱生活是OPA意义准则的关键组成部分，可以帮助我们发现生活和工作的意义。正如弗兰克尔所言，用积极的态度拥抱生活不仅是我们最终的自由，而且还是燃料和出发点，能帮助我们应对生命的挑战，包括那些最微不足道的和最艰巨的挑战。我们选择的态度是适应能力的基础，反映了我们的人生观。用欣赏的态度面对人生，激发生活热情（这个词的字面意思是指"展示内在的精神"），做好准备，带着自信和深层意义去响应生活的召唤。否则，一切都是空谈。

追寻意义已经是大势所趋，意义时代已经来临。意义正在慢慢地但很稳定地走向职场舞台的中央。在组织机构中追寻意义的思想也在学术机构得到了广泛的认可，已经成为一门需要认真调查研究和实践的课题。[18]我们在努力思考如何才能创新经营的时候，越发需要把意义作为整个机构的计划和关键发展策略。所以，美国管理学会把2016年的年度大会主题确定为"让机构工作更有意义"也就不足为奇了。正是员工给工作和工作机构注入了活力。努力寻找工作和职场的深层意义可以让我们认识自己的核心本质或真实本性，也能激发并保持我们的工作活力，完成机构目标。与别人建立有意义的联系，对从事的工作抱有崇高的目标，用积极的态度拥抱生活，只有把这三个要素协调起来，我们才能发现工作的意义。

意义反思

意义时刻练习

小组或机构的每个人都要知道自己的意义使命,这一点很重要。如果小组或机构已经明确了自己的意义使命,分享支持该意义使命的故事或行动就很有帮助。如果还没有明确意义使命,只需做一个简单的练习即可。这个练习要求每个人写下他们认为迄今为止让小组或机构出名的三件事情,以及他们想让小组或机构未来出名的三件事情。分享一下看法,找找差距。通过这个练习,你会发现机构的核心本质,而这正是形成意义使命的基础。

意义问题

- 你每天都有什么机会与别人建立有意义的联系?
- 你能描述一下自己的核心本质或真实本性吗?如果你能根据自己的核心本质来工作,那么你的工作会有何不同?
- 什么会让你很有活力地工作?什么会消耗你的精力?你如何在工作中让自己更有活力?

意义主张

我要努力和自己的核心本质建立联系,让工作更有意义。

第十二章
社会的核心意义

永远也不要满足于已经取得的成绩。生活不停地向我们提出新的问题,不允许我们停留驻足……止步不前的人很快就会落伍掉队,沾沾自喜的人很快也会迷失自己。在创新和体验方面,我们也不能满足现状,裹足不前。每一天、每一分、每一秒都有必要创造新的奇迹,都有可能尝试新的体验。[1]

不仅我们的个人生活和职场存在意义危机，社会也存在意义危机。这种存在危机症状与维克多·弗兰克尔多年前所说的"大众神经三联征"（瘾症—好斗—抑郁）很相似。这个概念我们在第四章介绍过。遗憾的是，这些存在危机这些年并没有减少。如果说有什么不同的话，那就是这种现象有增无减，而且表现形式是弗兰克尔当初描写它们时始料不及的。这些社会现象是缺乏意义的表现，而不是产生现象的根本原因。《尤涅读者在线》上刊登的一篇文章引起了人们对这种社会意义危机的关注。文章认为，后现代世界的生活所表现出的一些特点和影响与弗兰克尔的存在虚无说十分相似。

我为什么难过？我为什么焦虑？我为什么不能爱？答案可能就深藏在我们的集体潜意识里。要穿过后现代镜厅才能找到出路。旅行看似很艰辛，却值得我们努力前往。不妨把它看成你自己生活中发生的撩人心魄的心理惊悚片，探讨有关存在问题的侦探小说……无论喜欢与否，我们都被困在了永恒的意义危机之中——一间永远无法逃离的暗室。后现代主义抽走了我们身下的哲学地毯，使我们处于存在虚无状态。[2]

但维克多·弗兰克尔作为世界上最有影响的真正的乐观主义者之一，他肯定会强烈反对人类会永远陷入意义危机之中的看法。只要我们不做自己思维的囚徒，我们就能意识到，逃脱"暗室"，找到真正自由的关键在于我们自己，且触手可及。本章主要讨论社会意义危机的诸多根源，提供一种切实可行的方法，帮助大家利用意义学范式和OPA意义准则找到社会意义。

与他人建立有意义的联系（O）

如果不能与他人建立有意义的联系，我们就只能生活在自己的世界里，裹足不前。我们可能也意识不到与他人的共同之处。我们的互动交流或许更像夜晚匆匆而过的船只，无法把真正的关系建立在彼此信任、互相依赖和互惠互利的基础之上。在这种情况下，我们构建社区和社会的根基就会受到破坏。下面是几个可能会导致社区(我们的"村子")关系崩溃的因素。

· 现在的人口流动性比以前大。我们通常会从一个城市迁移到另一个城市，从一个国家迁移到另一个国家，割裂了与某个具体地方和群体的关系。

- 许多人独居或合租一间公寓，不知道自己的左邻右舍是谁。或者只在电梯里见过邻居，见面也只说一些客套话或转移目光，错过了建立联系的机会。
- 随着离婚率的上升，或者是因为做两份工作，加班时间重合，无法在一起就餐，传统的家庭结构已经面临挑战。彼此建立联系的机会十分有限。
- 随着经济的发展，公司越来越需要较为"临时性"的兼职工作或合同工，我们发现在工作中形成持久的友谊越来越难。我们频繁跳槽，导致失去可能在职场建立联系的机会。
- 总体来说，我们不像过去那样热衷于加入宗教或社会团体。
- 我们沉迷于科技，甚至选择在家追剧也不愿到电影院去与别人进行交流。
- 我们也不像以前那样对社区事务和社区领导感兴趣，这一点从选民投票数量创历史新低中可以得到证明。
- 值得注意的是，我们现在倾向于依赖网络媒体资源来强化某种特别的世界观。如果过滤掉那些无法引起我们共鸣的内容，很快就会发现自己看不见或者也听不到任何其他的观点。最终，我们会发现很难与持不同观点的人建立有意义的联系。如果通过一个很小的镜头去看世界，那么从多种视角进行学习的能力就会下降。如果对这种目光短浅的做法置之不理，我们的社会就会变得更加分裂。

・我们似乎对邻居、社区发生的事情不太关心,"破窗理论"对此有很好的说明。该理论认为,如果一扇破窗户无人修补,人们就会断定没有人在意打破的窗户,很快就会有更多的窗户被打破,整个社区的环境很快也会衰败。

・或许最值得注意的是,金钱成了社会关注的中心,一切似乎都在围着钱转。我们常常会关注经济需要,而忽视了更广泛的社会需求或大型社区的需求。

这些因素导致我们无法与社区或"村子"建立联系。我们中间有不少人觉得自己并不属于某个社区,或并不是社区的重要组成部分。如果社会变得越来越分化,我们就会缺乏普遍的认同感和共同目标。这样一来,我们就会转向自己,去满足自己的个人需要,而不太关心大众的利益。美国总统约翰·肯尼迪曾经说过:"不要问你的国家能为你做些什么,问问你能为你的国家做些什么。"遗憾的是,今天似乎钟摆已经完全摆向了另一边,已经变成了"你(不管是个人还是集体)能为我做些什么"。尽管我们也时常听到这样的说法,比如"我们生活在地球村""养育小孩需要整个村子群策群力",但我们的生活行为并不像真正的村民。令人难过的是,我们正在失去社区的"灵魂",看不到社区因失去灵魂而失去自我的危险。

解决这个问题的办法就是把意义作为社会的中心。如果把意义作为中心,我们就能重新建立与邻居的联系,互帮互助,更加热衷于投身地方经济、政治和社会群体事务，从而创建更加强烈的社区意识。我们就能在尊重差异的同时找到更多的共性，就能让钟摆从极端个人主义再次回摆到关注集体和社会的利益。

让我们来看一个来自希腊的很有意义的小例子。尽管面临金融危机，希腊人民还是表现出了愿意共享的人道主义精神。他们互相帮助，热情接待在海岸登陆和涌入城市里的大量难民。创建和实施"村子"概念的两个实例就是"预留和爱心墙项目"。在咖啡店和杂货店，希腊市民会提前支付购买额外的物品的费用，将物品"预留"给需要的人或家庭。这种倡议很快就得到了药店、小诊所，甚至美发沙龙的响应。其他基层人道主义项目的参与者（主要是希腊志愿者），在整个社区或街区悬挂钩子，方便一些人把装好食品和干净衣服的口袋挂在上面，以备需要者去选用。[3] 这些志愿者所做的不懈努力引起了人们的注意。例如，2016年希腊面临难民危机，债台高筑。英国奥斯卡获奖女演员和政治活动家凡妮莎·蕾格烈芙2016年在访问希腊时，就希腊人民如何与别人建立有意义的联系，发表了这样的深刻见解："希腊人民在向世界展示如何做人，如何帮助自己的同胞。"[4]

令人欣慰的是，我们看见越来越多的人意识到了在社会各个方面建立联系的必要性。我们知道，需要建立大量共享老年公寓，让老人有机会结交朋友，或只是为了他们在有生之年有个可以说话的人。我们了解到，建立年轻人社区也已经开始起步。例如，加拿大卡尔加里市贝尔特莱区的一个史密斯新公寓项目就吸引了不少渴望提升社区归属感的人。这个公寓很独特，提供了工作和社交共享空间，储备了很多自行车，可供居民使用。除此之外，还建成了一个共享工具图书馆。[5]"共享经济"不仅可以帮助人们省钱，还能帮助人们建立新的联系，比如共享住宿平台（Airbnb）、拼车服务平台（Uber 和 Lyft）、汽车租赁共享平台（ZIPcars 和 Car2Go），以及共享工作空间（WeWork）。社区园地和回归农产品市场的实例说明，人们对重新与别人建立有意义的联系越来越关注。

我们经常会告诉自己，我们是独立的，但事实上我们只是整体中的一部分，依靠整体而存在。自我与社会无法分离。我们需要树立强烈的社区归属感，帮助自己找到意义，而这也是我们所有人一直追求的目标。

对从事的工作要有崇高的目标（P）

我们在商务、政府和教育等社会诸多方面都会遇到存在危机。这些机构的目标和做法正在受到严格审查。很多人采取变革来解决目前存在的不平等、贪婪和腐败问题。这些要求变革的呼声实际上就是在呼唤意义。尤其是一些公司过于追逐利润，受到了很多批评。米尔顿·弗里德曼有一句名言：企业的责任就是增加利润。如今已经过去四十五年了，还有很多公司将其视为箴言，为了追求利润最大化，不惜大量削减支出，例如减少工作岗位，以此来保证股东或投资者能获取最大收益。但是，如果公司的唯一明确目标就是赚钱，人们自然就会把赚钱作为第一要务，这样一来，公司就会失去深层目标和意义。

当然，也不是所有的公司都把利润作为唯一目标。一场大火烧毁了马萨诸塞州的莫尔登米尔斯工厂，三千名工人顿时失去了工作。公司的董事长兼首席执行官亚伦·福伊尔施泰恩看到工厂被烧，果断决定工厂不应就此关闭。他所做的第一件事情就是让所有在职的三千名员工连续三个月拿到了足额福利待遇。工人们没有地方上班。但是，他心里很清楚，他不能昧着良心让三千名员工流浪街头。公司直接或间接地影响着当地社区的生活。为了不使所有的工人失业，福伊尔施泰恩花费了数百万美元，公司为此而破产，他冒着失去金钱、名誉和企业的风险，但是他坚持这么做。他在旧仓库建起了临时厂房，这样公司就可以开始为顾客正常供应制衣纤维材料。他相信他的员工，员工反过来也很信任他。为了使公司走出困境，员工们工作格外努力，公司最终走出了破产的困境。这说明，对公司来说赚钱并不是最重要的，忠诚和意义才是公司、员工和社区重新振作起来的主要原因。

光辉国际曾对一百零七个国家的七千五百多名企业与人力资源领导进行过调查，调查结果与其他研究结论也很吻合。该调查发现，各个管理层都迫切需要提高员工的敬业度。值得注意的是，大部分调查对象（87%）认为，把企业的社会责任与领导力培养相联系对敬业度和业绩都有积极影响。"现如今，员工都在找能回馈社会的企业。只要企业有目标，员工就能找到意义，找到存在的价值。回馈和服务社会是培养领导力的最好机会。"光辉国际的调查结果只是强调了一个事实，即人们都想在一个公司文化与自己的价值观相一致的公司工作。对年轻人来说，情况更是如此。光辉国际的调查还特别指出，事实上，千禧一代择业的首要标准是公司使命或前景是否透明，自己是否能够接受这一使命。发展进步的公司都意识到，只是一味赚钱还不够。其实，它们所做的工作已经远远超过了志愿服务性质，已经把赚取利润与社会责任紧密联系起来，并把这些目标写进了公司的核心使命宣言。"关注企业目标和社会责任对每一个与企业有关的人都会产生深远的影响，这么做理所应当。"[6]

应该转向以意义为中心、更加人性化的企业经营之道。我们可以称其为"人性化的资本主义"（anthrocapitalism），这个词是由希腊词 anthropos（人性）和英语词 capitalism（资本主义）组合而成。"人性化的资本主义"并不是特指公司社会责任本身，公司社会责任通常是由公司各个层级来执行的一个单独计划，它也不是指企业赚取利润后把一部分拿出来做慈善。而是指一个以意义为核心的全新运作模式，涉及企业如何赚钱，如何确定企业造福世界的重大责任，保持经济价值与更广泛的社会价值之间的平衡，从而共同创造和改变社会。实际上，"人性化的资本主义"是把企业目标从股东利益最大化转变为意义最大化，对世界贡献最大化。广义的意义概念，不仅与利润有关，而且是新的企业底线。

我们需要把意义作为企业的核心。从企业为社会所做的贡献这个宏观角度出发，我们就可以创新经营模式，不是制订只考虑股东利益的最佳实施方法，而是提出"下一步的具体做法"。我们可以转变自己的思维方式和世界观，不要在"为某某公司工作"中寻找意义，而是要在"服务某个社区的某个公司"中寻找意义。我们已经开始看到很多采用"人性化的资本主义"的公司实例，比如天伯伦公司，汤姆制鞋，佳思敏和第七代都起到了很好的带头作用。此外，英国的纯粹果汁制订的目标是"努力把事情做好"。美国得州农工大学的目标是"培养有个性、能为大众谋福利的领导"。艾凡达的口号是"关心我们生存的世界"。这些例子给了我们美好的希望。正如畅销书《心灵地图》的作者托马斯·摩尔所言，在社会中管理"企业"的终极目标蕴含深层意义。同样，关注我们的"经济"健康也有深层意义。下面是他的精辟见解：

经济学就是生活的法则。事实上，这个词很有深意。它的一部分来自希腊语"oikos"，意思是"家"或"寺庙"……"nomos"的意思是"管理，习惯和法律"……商业包括管理我们家园的各个方面，不管是家里的房子还是我们居住的地球，因此，它与生存、成就感、社区和意义有关系。[7]

我们也需要把意义作为政府工作的核心内容。如果政府真的要指导和管理公共事务，那么各级政府的各类领导（不管是选举产生的还是领导任命的，以及公务员）应该有足够的机会，在谈论我们的经济状况时，不再谈论经济繁荣，而是关注意义这个广泛的话题。如果政府采取真正致力于意义的行动措施，就会提升企业员工的敬业度、适应能力、身心健康、业绩和创新能力。这也有助于确保政府在提供公共产品和服务时始终保持追求卓越的热情，关心维护公众的信任，关注并提高公共福利。

政府是管理社会的工具，关于政府的目标，古希腊哲学家亚里士多德给出过明智的建议。他说："政府的目标不仅仅是为大家提供生存环境，而是要让大家生活得好。"[8] 做公共事业是一件十分高尚的事情，理应受人尊敬，不应该对其产生怀疑、矛盾和不敬的心理。亚里士多德曾说过："政府不只是一个法律机构，一个办公场所，它还是一种生活方式，一种道德精神。"[9] 亚里士多德的话一语道破了公职人员的身份和职责的核心内容。这句话暗示我们，在政府任职不仅仅是为了获取一份有收入的工作，而是真的很有意义。

从根本上来说，社会就是社区为了生存和繁衍紧密团结在一起，以使个人和团体都变得更加强大。遗憾的是，资本主义总是把赚钱看作是政府工作和政治话语的核心，不允许政府和政治活动把建立强大的社会系统作为自己的终极目标，而强大的社会系统不仅可以让大众生存，而且还可以让他们过得更好。让大家参与社区活动变得越来越难。一些公民只关心自己的私利，对与公众利益有关的事情不感兴趣。就这些公民而言，领导们该制订何种应对目标？如果社会分化严重，派系就越来越多。自贸区增加了国际大公司的领导力，但却削弱了当地政府和宪法的权力，在这种情况下，领导该如何让国家保持安定团结？如果一半有投票资格的选民无法投票，领导如何能违背少数能发声者的意愿去制订一个满足大众需要的计划？

这就需要意义来发挥作用。好的领导会欢迎其他人参与共同辩论和真实对话，来确定集体愿景，重新定义政府的角色和结构。好的领导会说服众人为公众利益牺牲自己的利益。好的领导会综合其他人的观点，不会批评别人。好的领导能激励人们发挥潜力，这样一来，也能激发社会潜力。可是，如何来定义社会的"成功"？我们通常会关注国内生产总值增长，将其看作经济活动的价值。政府热衷于有望提高国内生产总值的计划，不断加大对产品和服务的消费来满足无休止的国内生产总值增长计划。

这种做法的问题在于，国内生产总值并不是衡量社会真实幸福状况或公共福利的好标准。国内生产总值没有考虑过有意义的生活——与别人建立有意义的联系（包括我们的人际关系和对社区、环境的关注），对所从事的工作要有崇高的目标（包括我们的受教育程度、共享经济和志愿者服务），以及用积极态度拥抱生活（包括我们的心理、精神和身体健康）。成功可不可以用其他方式来衡量？比如用不丹的"国民幸福指数"来衡量？新型经济把意义作为核心，就要重视更为广泛的人力因素，而不只是考虑传统的物质和经济因素，因为那些通常是衡量国内生产总值的要素。

现代社会面临的一大挑战就是失业问题。失业既是一个经济问题也是一个意义问题，就业是幸福的必要条件。人们需要有每日工作的尊严，有一个促使自己早起的目标，有能为值得奋斗的目标做出贡献的自尊心。遗憾的是，现代社会却面临着自动化和人工智能的严峻挑战，可能会导致未来有更多的失业问题。为了降低成本，越来越多的公司会把许多工作自动化，因此，日常工作以及与其相关的工人正在被科技所取代。下面是一些例子。

· 机器人承担了较多的工厂工作。
· 餐馆带有触摸屏的自动售货机可以处理顾客的订单（就是在麦当劳找份工作也很难了。）
· 机场的自动值机柜台可以让乘客自主办理登机手续。
· 家用计算机或智能手机的在线预订功能取代了销售员。
· 客户服务中心实现了自动化。
· 机器已经取代了人工来对邮件进行分类。
· 电子书取代了图书印刷、存储、运输的需求，取代了这些环节的所有工人的工作。
· 优步、爱彼迎和酒店预订网用高科技取代了旅行社。
· 顾客在商店可以扫描支付码购买货物，这取代了收银员的工作。
· 教师被集中在线课程所取代。
· 区块链技术取消了办公室工作，让全球交易随时随地进行，从而避开了许多标准体系以及为这些体系服务的工作人员。

科技造成了全球大规模的失业，减少了各行各业的工作岗位，让不平等现象更加严重，长期工作不再稳定。我们需要思考一个问题：科技，特别是人工智能如何才能帮助我们过上有意义的生活？如果我们把一切（或者一半的工作）都交给科技，我们社会的未来会是什么样子？这个问题并不仅仅关系到科技、就业市场或微观经济的未来发展。这个问题涉及对存在的深切担忧，因为它关系到人类和世界的命运。

我们要帮助大家为未来做好准备。遗憾的是，许多教育机构只是忙于传授旧知识，而不给大众（不管年纪多大）提供未来成功必备的心态和技能。我们不能只教给他们过去如何，现在如何，还要平衡教育内容，要让他们知道未来可能会怎么样。如果我们相信社会是创新和创业精神的引领者，我们就应该改变教育体制来支持这种观念。需要强调的是，教育是一个终生学习的过程，不必把自己严格限制在某个年龄段的人应在的领域。教育要想真正成为一种有意义的变革方法，实现个人幸福，提升机构和社会成就感，理想的做法是在教育设计、过程和结果上采用跨学科的方法。

希腊提出的一项独特倡议正好为我们提供了了解这种教育属性的机会。开诚布公地说，我们作为该倡议的教员和顾问，有切身体会。国际领导力研究中心是一个独立的非营利基金会，总部在雅典。该中心主要致力于帮助人们迎接未来的挑战，通过真实对话提升人们的跨文化意识和合作能力。该中心为各个年龄段的人（高中生、大学生、年轻的和年老的专业人士）提供了非常规、体验式、跨学科、多元文化的继续教育项目。该中心的目标是"通过一些项目来培养有情商有道德准则的社会领袖。这些项目旨在传播信息、促使参与者参与对话、拓展个人视野、扩充知识，鼓励跨文化对话交流、挑战错综复杂的世界存在的各种观点等"。[10]

例如，跨学科领导学院就是国际领导力研究中心推出的一个暑期项目。该学院为来自世界各地的大学生提供了创新学术体验课，旨在"发展参与者的地缘政治文化，阐释现代国际经济的复杂本质，培养他们的软技能，比如处事能力、沟通技巧以及如何建立人际关系"。阿力奇·美莎克斯是医学和哲学博士，也是国际领导力研究中心的主任和创始人。据她所说，"国际领导力研究中心新创的教育项目利用世界最新的发展趋势，可以弥补现有正规教育的不足。这些趋势可以从政治、社会、经济等多个方面改变现状……教育最本质的意义就是提升每个参与者的个人领导潜力，以及健全人格"。

我们认为，国际领导力研究中心的确提供了十分难得的教育机会，创建了鼓舞人心的教育改革模式，可以并且也需要在全球加以推广。当然，也并不是所有的教育项目都是创新型的。很少有学校在同一科目或在跨学科科目下开设创新课程。我们在多伦多大学讲授创新管理课程时，北美还没有几家学校开设此类课程。我们的课程要求学生对世界有更加广泛的认识，学会发现出现的趋势和创新机会，用创新思维技巧去应对挑战。科技正在迫使所有人重新定义机会、工作和过程，因此，我们需要发展新技能，包括许多人所说的"软技能"。

我们需要把意义作为教育的核心。把人类与科技分开的是意义。我们掌握的科技越多，就越需要意义。我们需要强调技能，类似于国际领导力研究中心的做法，需要强调创新思维、领导能力、合作能力、移情能力、网络交际能力、处事能力和劝说销售能力。我们需要在各种层次的学校开设更多有关个人发展和以意义为核心的课程，让学生更好地认识自己以及自己的天赋。许多学生毕业时满腹经纶，唯独在"认识你自己"这一关键领域一无所知。我们必须纠正教育系统存在的这个问题。强调意义（也就是"把意义置于核心位置"）对每一个个体都有好处，可以增强个体的社区归属感和社会归属感。

用积极的态度拥抱生活（A）

维克多·弗兰克尔告诉我们，如果我们主动去寻找意义，生命的每一个瞬间都有意义的种子。遗憾的是，我们把注意力都放在了各种生活压力上面，常常忽略了这些瞬间，所以无法发现生命的意义。我们期待得到朋友、邻居和同事的帮助，结果却发现，他们也饱受压力的困扰。我们打开电视或者上网，会发现全世界的人都在遭受苦难。这形成了一个恶性循环：我们在社区和世界体会到的不安定感越多，遇到的压力和存在焦虑就越多。我们可以在生活和工作中寻找"意义的种子"，打破这种恶性循环。要想发现意义，需要借助三个要素：与别人建立有意义的联系，对从事的工作要有崇高的目标，用积极的态度拥抱生活。我们也可以求助他人，因为我们此生并不孤独。

　　经济和健康是社会的两大主要压力来源。如果把意义看作经济的核心，帮助人们更好地理财，或许就能够帮助他们应对面临的一些压力。银行和金融机构，包括信用卡公司、汽车和学生贷款供应商，可以做很多事情，教会人们在债务方面做出较为明智的选择。或许，结果是人们（受到鼓励）学会了如何通过消费更多的"东西"去规避压力，这无疑又造成了一个恶性债务循环。如果把意义作为健康的核心，我们就可能摆脱肥胖、精神紧张和疾病的困扰，转而关注自己的健康状态和整体的幸福感。在炎症和疾病暴发之前，要鼓励医生和其他医疗从业人员向我们传授健康知识。大力强调营养、心理健康和健康生活方式的意义在于帮助我们改善生活的质量，包括找到瘾症、抑郁甚至好斗的根源，也就是维克多·弗兰克尔所说的"大众神经三联征"（见本书第四章）的根源。越早把意义作为我们思想、情感和行动的核心动力，我们就会越健康。

　　这一切都始于意义。如果把意义作为生活和工作的核心，我们就能明白，生活的点点滴滴都是紧密相关、十分和谐的，或许这能促使我们为社会做出更大的贡献。乔布斯和他的苹果公司在1997年的营销活动中就鼓励我们这么做，我们要"换一种方式去思考"。乔布斯和他的同事坚信，只有满腔热情的人才能真正改变世界。在他们公司的职员简介中，有不少狂人，如理查德·布兰森、尼尔·阿姆斯特朗、阿尔伯特·爱因斯坦，以及罗莎·帕克斯，这些人狂妄到相信自己能改变这个世界，他们确实改变了世界。如果这些先驱者和思想领袖没有坚韧不拔、乐于尝试的态度，根本就不可能取得这样的成就。不管成败与否，这是他们每个人必须独自做出的选择，没有人能替代他们。

自1997年以来，时代已经发生了变化。如今，具有潜质去追求卓越和改变世界的普通人数不胜数，已经大大超过了从前。我们需要问自己这样一些问题：我们是否相信自己能够改变世界？我们是否能够"换一种方式去思考"，去实现希望看到的变化？我们选择的态度是否能帮助我们实现梦想？我们的态度会促使自己勇往直前还是退缩不前？请记住弗兰克尔的不朽忠告："有志者，事竟成。我想加一句，'有目标者，意志竟成'。"我们是否有这样的目标？具体来说，是一个能让我们体现自己意义意志的目标。在这样的背景下，我们愿意在创建更有意义的职场、社区以及以意义为中心的更加和睦、更加宽容的社会中扮演什么角色？

意义是人类的核心本质。但是，如果我们不能医治、拯救自己，就不可能医治、拯救职场和社会。正如我在本书所建议的那样，最终，每个人都能拿到打开内心精神囚笼的钥匙。所以，如果我们决定去行使权利，把自己从囚禁中解放出来，不再做思维的囚徒，那么我们每一个人不仅有这个权利，而且也有能力去这么做。当我们明白了生活意义的来源，我们就能开辟道路，找到无数机会去提高适应能力和敬业程度，改善健康和幸福状况，提升生活和工作各个方面的业绩和创新能力。换句话说，我们就会把意义当作自己在生活、工作和社会中做事的基础。只有把意义作为核心，我们才能在建设真正的大同世界中做出自己应有的贡献。

意义反思

意义时刻练习

想象一个完全以意义为核心来设计和运转的理想社会会是什么样子。说说它与你所生活的社会有何不同。想一想可以采取哪些方法来帮助你所在的街区或当地社区做出一些改变,使其接近你所设想的理想社会的样子。你会以何种方式让你的家庭成员、朋友和同事一起参与完成这个以意义为核心的街区或地方社区愿景计划?

意义问题

・你今天做过什么"把爱传出去的"善举?

・你的工作是如何改善别人生活的?如何能使别人未来的生活有所改善?

・你的态度会促使你勇往直前为社会做出有意义的贡献?还是让你止步不前?

意义主张

我要真心承诺,要让自己的态度、语言和行为在世界上产生积极而有意义的影响。

第十三章

维克多·弗兰克尔的遗产在延续

> 只有通过爱和被爱才能拯救人类。我知道，当一个人一无所有的时候，在他想念他的挚爱时，哪怕只是短暂的一瞬间，他可能依然会有幸福感。[1]

二十年前，我曾到奥地利维也纳弗兰克尔博士的家去拜访他。当我提出写书的想法时，他抓住我的手臂，鼓励我说："亚历克斯，你要做的就是把书写出来。"1997 年，弗兰克尔去世，2017 年是弗兰克尔去世 20 周年。维克多·弗兰克尔真的是一个非常了不起的人，他会永远为我们带来光明，指引人类追寻意义。著名的心理学家杰弗瑞·萨德知道弗兰克尔和他家人的不幸遭遇后，引用了法国作家阿尔贝·加缪《第一人》中的话，对弗兰克尔的影响力进行了高度评价："有些人无愧于这个世界，他们的存在本身对别人就是一种帮助。"毋庸置疑，弗兰克尔的存在的确无愧于世界。他的精神遗产会继续为人们带来希望和无限可能。他目睹了最糟糕的人类生存环境，一些人的行为举止简直让人忍无可忍。同样，他也看到有人高度同情和关心别人，他们大公无私，追求卓越，在不断创造奇迹。

维克多·弗兰克尔为我们留下了十分宝贵的遗产。他通过自己的生活和工作不断提醒我们，我们还有十分重要的工作要做。

但无论我们做什么，肯定都是非常重要的。无论何时何地，都可以找到意义。在这一章，我们主要想强调弗兰克尔遗产的持续影响。具体来说，他的遗产会在哪些方面继续对我们的生活、工作和社会产生影响或改变。维克多·弗兰克尔具有非凡的人生经历和永恒的人生智慧，他的精神遗产会永存不朽！

意义改变生活

弗兰克尔发展和实践了意义疗法和存在分析方法。无论是死囚犯、集中营幸存者，还是首席执行官、汽车司机和后现代哲学教授，这些方法对每一个人都很适用，可以帮助人们找到打开绝望之门的钥匙。他的生存和处事准则为我们的生活提供了全新的设计。他还根据自己深刻的个人经验为我们提供了一种严谨的方法，甚至可以让我们在最悲惨的环境下发现意义。

弗兰克尔在这方面的影响力不言而喻。的确，他的影响力已经超越了一个时代，已经以很多不同的方式在多个层次显现出来。对于那些有幸与他相识的人来说，这种经历本身就会让自己发生潜在的变化。不过，弗兰克尔在自己的著作中分享过很多智言慧语，所以世界各地越来越多的人都感受到了他的"存在"和影响，这种感受还会继续持续下去。凡是读过弗兰克尔的《活出生命的意义》这本书的人，都会受到深刻的影响。很多来自不同行业不同年龄段的人都会对我们说："这本书改变了我的生活。"所以，美国国会图书馆把这本书列为美国十大最有影响力的图书之一也就不足为奇了。我们认为这份荣耀实至名归，这本书的影响范围已经远远超出了美国。

弗兰克尔博士的著作对各行各业的人都有影响，比如教育工作者、学生、宗教领袖（包括教皇保罗六世）、政治家、哲学家、心理学家、精神病学家以及成千上万在生活中寻找意义的人。但是，弗兰克尔非常谦虚低调，不喜欢追随时代潮流包装宣传自己。他对那些为生活而努力抗争的人也有很大的激励作用。例如，得克萨斯州一位名叫杰瑞·朗的男孩不幸在潜水意外事故中受伤，导致四肢瘫痪。但是他一心想成为一名心理学家，因为他热爱人类，想帮助别人。上大一时，他就开始读《活出生命的意义》这本书，每读一次他都有新的感悟。他无法打字，只好用嘴咬着铅笔大小的一根小棍练习打字。他就这样给弗兰克尔写了一封信。他在信里说，他的困难与弗兰克尔和他的狱友在集中营所遭受的痛苦简直没办法相比。当他最后亲自见到弗兰克尔时，他对弗兰克尔说："事故击垮了我的脊背，但却无法击垮我。"[2]

尽管身体严重残疾，杰瑞却实现了自己的目标，成了一名心理学家，并于1990年获得临床心理学博士学位。杰瑞博士已于2004年去世。他是一位非同寻常的励志人物，弗兰克尔博士对他进行了恰如其分的评价，称他是"大无畏精神力量"的鲜活见证。杰瑞坚信："我饱受痛苦，但是我知道，如若没有痛苦，我就不可能有现在的成就。"他在文章中曾这样写道：

有一次，我向一大群人做完演讲之后，有人问我是否因为不能走路而感到难过，我回答说："弗兰克尔教授几乎看不见，我无法走路，你们中还有很多人无法处理生活问题。关键的问题是我们要记住一点，那就是，我们不仅仅需要用眼睛看，用腿来走路，用思想来武装自己，我们最需要的是展开灵魂的翅膀一起飞翔。"[3]

　　对弗兰克尔作品的参考引用也是不计其数。畅销书作家斯蒂芬·柯维是《高效能人士的七个习惯》的作者，也是本书的推荐序作者，深受弗兰克尔思想的影响。在《与时间有约：全方位资源管理》这本书里，柯维和合著者提到了弗兰克尔在集中营的生活经历，并从《活出生命的意义》中引用了下面一段话："他意识到，最为重要的一个因素是对未来的憧憬。那些后来幸存下来的人都坚信，他们还没有完成神圣的使命，还没有做完重要的工作。"[4]

意义学科在发展

　　与同行业许多先驱和领袖不同的是，弗兰克尔并没有宣传自己以及自己的思想流派与实践做法。但是，他给我们留下了丰厚的遗产。可以说，他的遗产在很大程度上是由他的学生和其他忠实的追随者推动完成的。在这一方面，突出的成果就是现在人们所熟知的"维也纳第三大精神治疗流派"（前两大流派分别是弗洛伊德流派和阿德勒流派）。该流派由意义疗法和存在分析两门学科组成。意义疗法指以意义为中心的治疗方法。存在分析是意义疗法的哲学基础。弗兰克尔精通精神病学和哲学，人生经历非同一般，所以他是为意义"代言"的最佳人选。

1992年，维克多·弗兰克尔研究所在奥地利维也纳成立。[5] 如今，该研究所依然是世界意义研究培训机构和社团网络中心，主要致力于保持和发展维克多·弗兰克尔的毕生事业，包括完善他的意义疗法和存在分析理论的哲学基础和治疗体系。现在全世界有一百多个研究所，分布在四十多个国家，奥地利维克多·弗兰克尔研究所也有很多意义疗法和存在分析国际协会注册会员。该研究所还为不同职业的人（比如医师、临床心理学家、心理治疗师、顾问和教练）提供意义治疗师认证服务。

除了提供学位课程和外部研究项目，该研究所还和维也纳城市维克多·弗兰克尔基金合作，为那些在以意义为中心的人本主义心理疗法领域从事研究工作的人提供奖学金和奖励。该研究所还独家拥有弗兰克尔的私人档案，收藏着世界上数量最多的意义疗法和存在分析研究文本资料。研究所每两年都要在维也纳举办一次主题为"意义疗法未来发展"的国际会议，这也是他们的一项较为严格的日常安排。倍感荣幸的是，亚历克斯作为特邀演讲嘉宾出席了2016年的大会，特别值得一提的是，他还和一些意义疗法最杰出的实践者和倡导者，包括维克多·弗兰克尔的妻子埃莱奥诺雷·弗兰克尔博士（也称艾莉女士），同台分享了自己的看法。

维克多·弗兰克尔研究所及其全球分支机构的影响还在不断扩大。其中部分原因是，新的数字和通信技术可以让大家便捷地获取研究所的研究成果。同时它在各大社交媒体平台的出现频率有增无减。特别值得注意的是，在专业文献（学术和从业者）和主流消费者出版物中，以意义为中心的人本主义心理疗法和存在分析日益引起了越来越多的关注，弗兰克尔的经历和遗产也被作为参考文献多次引用。[6]

意义遗产的跨域应用

弗兰克尔在提供人性化心理治疗和改善人类生存状况方面做出了杰出贡献。但并不是只有与其目标有关的专业学科领域才对他的贡献越来越关注。因为追寻意义已被证明与各个年龄段的人都息息相关。我们已经看到弗兰克尔遗产被应用到了其他领域，在适应性调整之后进入其他领域，基本上与其他领域实现了很好的结合。[7]存在主义心理学和存在疗法的最新发展越来越依赖弗兰克尔的哲学思想和治疗方法。同样，如果稍微了解一下"积极心理学2.0"或者"第二波积极心理学"，你就会发现，它们其实已经打开了新的窗户，创造了契机来应用以意义为中心的概念和实践，特别是意义疗法和存在分析方法，同时把弗兰克尔的智慧介绍给大家。心理学家和研究员王载宝博士是个人意义国际网的创始人，也是我们的朋友和同事。他就是这一领域的杰出思想领袖。[8]

我们已经开始看到，弗兰克尔以意义为中心的思想正在从治疗领域跨域进入训练领域。在两个专业共性和内在矛盾的作用下，也就是说，"治疗"与"训练"彼此对立，但两者之间出现某种交集似乎也是不可避免的，我们已经观察到了这样的发展态势。存在疗法已经在原有的基础上增添了"存在训练"维度，认知行为疗法专业实践方法在国际教练协会的帮助下也被应用到了"认知行为训练"中。[9]这些无疑都是十分重要的发展，因为它们为我们指明了方向，甚至提供了更多机会，才使得弗兰克尔关于人类追寻意义的智慧在互为补充的领域得以生根发芽。

正如本书主题所揭示的那样，在与工作有关的环境下追寻意义显得越来越重要，因为无论是老板还是员工，以及其他各种类型的"工人"，都开始意识到，把意义作为工作的核心带来的好处远远超过了常规的投资回报指数和财务回报。越来越多的科学研究，包括我们得到国际意义研究所赞助现在正在进行的意义学研究，都充分证明意义能提升敬业程度、适应能力、身心健康、业绩表现和创新能力，而所有这些都是良好的工作环境的基本特点。[10]要保持工作和职场人性化本身就是一种探索。维克多·弗兰克尔（我们也很赞同）信奉的意义范式和法则不仅强调了这种探索的重要性，而且还为勇于探索的人提供了经过实践检验切实可行的成功指南。

在前文中，特别是在第十二章，我们强调过，政府的重要目标是创造机会，把意义带入职场，从社会层面来说，就是要制定有意义的公共政策。"意义对政府工作很重要""政府创新是自相矛盾"，这些表述是公共服务部门工作者的控诉和公民的反思。[11] 在职场寻找意义，包括在政府服务机构中寻找意义，已经成为核心议题，现在比以往任何时候都需要反思工作的意义。除了表明政治姿态，我们认为，提升政府服务质量，使其恢复应有的崇高使命的时机已经成熟。管理公共事务，包括政治事务，更需要我们反思工作的意义。[12]

在这一方面，我们看到各行各业的人对寻找工作的意义、职场的意义以及建设有意义的职场环境的兴趣正在日益高涨，甚至还有了新的认识。我们在第十一章提过，美国管理学会曾把2016年的大会主题确定为"让机构工作更有意义"。该学会除了有众多的相关利益团体之外，还有一个公共非营利部门，这个部门肯定能从年度主题大会中受益。我们希望这个部门能继续这么做，并且在将来能扩大规模。此外，我们还有幸与美国公共服务协会合作，把维克多·弗兰克尔及其思想介绍给政府工作人员。美国公共服务协会是一个规模大且极具影响力的职业协会，主要通过提供职业发展课程和出版材料，来提高美国甚至全世界的公共服务质量。

很显然，现在各个机构以及从事各种不同工作的人都对意义、对维克多·弗兰克尔的思想以及我们的工作的兴趣，而且这种兴趣有增无减。值得一提的是，本书甚至被在线新世界百科全书引用，出现在维克多·弗兰克尔这个词条的"遗产"部分。特别需要指出的是，我们预言弗兰克尔对我们的身心健康，以及创造"良好的"政府和企业工作环境都会有十分深远的影响，我们对此深信不疑。[13]

意义遗产已成大众文化

随着出现频率的增加，维克多·弗兰克尔的名字和思想也不知不觉进入了大众文化，开始出现在电视、广播、杂志、报纸，甚至电影中。弗兰克尔和他的思想也出现在主流消费期刊上，比如《今日心理学》和印度主要的生活杂志《全面健康》。2015年，有关方面宣布要把弗兰克尔的畅销书《活出生命的意义》搬上荧幕，拍成一部故事片。[14] 富果电影也与获得艾美奖的记者吉赛尔·弗朗茨合作，争取到了这本书的电影版权，虽然因为弗兰克尔的房产交易，被耽搁了一段时间。编剧亚当·吉伯特也很荣幸地参与了该书的改编工作。我们的朋友玛丽·西米露卡是弗兰克尔房产的代表，也是一个制片人，她将会出任这部令人激动的电影的监制。据吉伯特透露："这部电影涉及最好的人性和最坏的人性，但核心问题是如何让大家从最坏的人性中看到最好的人性。"

吉米·法伦是美国全国广播公司《吉米今夜秀》的主持人。他在向公众介绍维克多·弗兰克尔和他的思想中发挥了很大的作用。2015年夏天，法伦在家意外摔倒，几乎失去了一根手指。[15]手部受伤需要做六个小时的小手术，法伦需要在纽约贝尔维尤医院的重症监护室待十天。休完两周病假之后他回去上班，向电视观众描述了自己的心路历程。他说自己在住院期间"有一半时间都失去了理智"。他在医生的推荐下开始阅读一些有关人生意义的书，特别是维克多·弗兰克尔的《活出生命的意义》。在现场直播中，法伦说："我太喜欢这本书了！"还拿出了这本书给大家看。他还说："我把重要的语录和事件都做了标注，还通过电子邮件发给了与我境况相似的朋友。'老兄，你需要读一下这本书'，因为我已经从这本书里找到了生命的意义。"[16]需要严肃地提醒大家一下，吉米·法伦还和我们分享了在与自己的病痛折磨做斗争的过程中的认识，当然也是从维克多·弗兰克尔的经历中得到的一些深刻体会。

这就是生命的意义。我属于电视，我应该和观看电视的观众交流，他们可能在重症监护室，也许是在家里。总之，不管他们在哪，如果有人遭受痛苦，我就要让他们开心，这就是我的工作。我在这里就是为了让大家开心。我在这里就是让大家度过一段美好时光……这就是我的工作。这就是我为什么会在这里，我想把爱传播出去。[17]

意义遗产永远流传

正如我们在本章开始所言,维克多·弗兰克尔将永远活在我们心里。他的意义遗产鼓舞人心,催人奋进,同样也会流芳千古。在此,我们要简要介绍三个计划。这三个计划分别采用不同的方式来纪念维克多的一生和他的遗产,以确保其不会失传。[18]

电影《弗兰克尔和我》

在这部引人入胜、制作精美的纪录片中,维克多·弗兰克尔博士的外孙亚历山大·维斯利作为导演,为我们提供了一个独特的个人视角,可以让我们更好地了解他的外祖父如何蜚声海外。他还给自己的外祖父起了一个绰号叫"意义先驱"。这部电影是在对弗兰克尔全世界的朋友和同事进行了为期三年的访谈的基础上制作而成的。维斯利拍摄这部电影有一个目的,那就是发现和描述弗兰克尔的理论是如何与他本人融为一体的。《弗兰克尔和我》是想客观地告诉人们,在各种职业场所和私人场合,在亲戚、朋友、同事、学生和泛泛之交眼中,弗兰克尔到底是一个什么样的人。"我们会亲眼见证各种邂逅和轶事——有的风趣幽默,有的严肃认真,有的多愁善感,有的鼓舞人心,这些故事总是充满了真知灼见,能让你充分了解一个最有人性、最高尚的人格。"[19]

维克多·弗兰克尔博物馆

2015年3月26日，正值维克多·弗兰克尔一百一十岁诞辰，世界第一座维克多·弗兰克尔博物馆的开幕仪式在奥地利维也纳隆重举行。[20] 建立博物馆也是维也纳维克多·弗兰克尔中心的一项计划。该博物馆与维克多·弗兰克尔研究中心以及很多奥地利的相关实体机构一起合作运营。博物馆在设计上创造了一种体验式、互动型、重感知的多媒体学习环境，让参观者有机会充分了解弗兰克尔的人生故事、哲学思想以及精神疗法。参观者可以完全沉浸在弗兰克尔以意义为中心的教学内容之中，去尝试解决在意义和存在方面遇到的个人问题。维克多·弗兰克尔中心的整体目标是在社会各个领域保护和传播弗兰克尔的毕生事业，同时要把意义疗法和存在分析的基本思想加以整合，并通过开设多种课程，提供各种服务，将其应用到医学、精神治疗、哲学、教育和经济学等应用学科中去。专业人士、学生和普通大众可以通过课程、研讨班、工作坊、讲座、文学、电影等形式来认识和了解弗兰克尔的著作。

责任雕像

维克多·弗兰克尔警告我们，自由除非与责任相伴，否则只会退化为一种特别许可证，让人走向肆意妄为的危险境地。尽管维克多·弗兰克尔很享受在美国的时光，对美国人的生活也很羡慕，但他在批评人们对美国重要价值观"自由"的误解时毫不避讳。例如，人们普遍认为，"自由就是一种可以为所欲为的特权证书"，但他却对这一观点提出了异议。在弗兰克尔看来，没有责任的自由是一个自相矛盾的概念。所以，他建议在美国西海岸建一座责任雕像，与纽约自由岛的自由女神雕像形成互补。

然而，自由并不是我们的终极追求。自由只是人生追求的一部分，只是真理的一部分。自由只是整个现象中的消极部分，而承担责任才是积极部分。事实上，如果自由没有责任相伴，会让人走向为所欲为的危险境地。所以，我建议在西海岸建一座责任雕像，与纽约自由岛的自由女神雕像形成互补。[21]

我们一直对弗兰克尔建立责任雕像的想法很感兴趣。我们认为，建立这个纪念碑对我们来说很有意义，因为它不仅与自由女神遥相呼应，而且寓意深远。首先它能时刻提醒我们，该如何要求自己才能捍卫真正自由民主的生活。其次，这也是纪念弗兰克尔的一生及其遗产的特别方式，是弗兰克尔对人类贡献的永久象征。

一个非营利基金会讨论了弗兰克尔的想法，决定来完成这座雕像。他们计划在2020年底在西海岸建成一个高300英尺（约91.44米）的国家纪念碑，而且还配有一个很大的活动集会场所，类似于华盛顿特区的国家广场。[22] 拟建的责任雕像设计模型是委托雕塑家盖瑞·利·普莱斯完成的，模型是由一双垂直方向紧握的双手组成。该模型可以帮助筹集修建资金，估计花费会在三亿美元至四亿美元之间。有趣的是，已故的斯蒂芬·柯维（就是为本书写《序言》的作家），也是20世纪90年代维克多·弗兰克尔最初成立的筹建委员会成员，委员会的职责就是把责任雕像从理念变成现实。

意义意识已觉醒

事实上，维克多·弗兰克尔的精神一直在延续，他所代表的人类追求意义的永恒智慧也会继续在世界各地传播。现在，越来越多的人（包括各个行业和各个年龄段的人）都通过新媒体和社交网络等新渠道，有机会从弗兰克尔的智慧中受益，表现出渴望从生活、工作、社会中找到某种比实际体验或者对未来憧憬"更为重要"的东西。"时代正在改变。"鲍勃·迪伦在歌中就是这么唱的。我们认为，正在进行的意义运动是21世纪的大趋势。后现代社会的特点是国际形势越来越错综复杂，人们缺乏安全感，世界不确定性增强，不平等问题严重。可是还存在有很多东西未被重视和开发的情况，所以才能听到大声呼唤意义的声音。鲍勃·迪伦唱的没错，时代在变，一点儿没错。用意大利畅销小说《豹》中的一句话来说："如果你想保持某种现状，那么就必须做出某种改变。"

弗兰克尔去世前一直过着有意义的生活。这说明，他的存在哲学和治疗方法都有深厚的实践基础。在他漫长的一生中，无论是作为纳粹集中营的幸存者，还是受人敬仰的思想领袖，他的经历告诉我们，人类具有无限潜力。弗兰克尔用自己丰富的人生经历向我们证明，挣脱人生囚牢（不管这囚牢是真实存在，还是在你的意念之中），获取自由的钥匙就掌握在我们自己手中，而且触手可及。正如弗兰克尔所说，我们随时随地都可以找到意义，可以在我们的整个人生经历中或通过人生经历去寻找它。意义就像能量，既不能被创造，也不能被毁灭，只能被转化。意义存在于这一瞬间，乃至所有的生命瞬间，就等着你去发现。

在其他条件保持不变的情况下，我们估计，21世纪新的"平衡记分卡"会更为关注如何成功生活，而不是如何成功谋生。当人们逐渐意识到死亡不可避免，要为有意义的价值观和目标去奋斗——也就是意识到他们的意义意志时，他们很可能会考虑如何给后人留下某种个人遗产。这种意识转变会让他们走上获取意义的阳关大道。最后，就像古希腊哲学家们所言，"美好生活"并不是为了获取幸福，而是为了寻找意义。但是发现生活和工作的意义既是个人的责任，也是集体的责任，这也是我们在本书中反复强调的一个观点。

为了实现上述目标，我们必须切实承诺，牢记这三个核心问题：为什么意义很重要？意义如何给我们的生活带来好处？我们应该怎么做才能发现意义？这就是维克多·弗兰克尔努力向我们传达、与世界分享的核心观点，也是他留给我们的个人遗产。让我们再次回顾一下史蒂芬·柯维在序言说过的一句话："光学不做真的等于没学,光知道不做真的等于不知道。"过有意义的生活需要不断学习、认识和行动。更重要的是,除非我们不再做自己思维的囚徒,否则这种真正以行动为导向的学习和认知过程就不可能实现。

意义反思

意义时刻练习

思考一下,维克多·弗兰克尔的人生经历和遗产,包括你从他的意义疗法和存在分析方法中学到的知识,会对你应对现在和未来生活、工作中的挑战有何帮助?你觉得哪些观点、人生教训或者意义疗法原则对你最有用?最有意义?你如何证明自己已经理解、并且切实承诺在日常生活和工作中会实践这些原则?

意义问题

- 你生活和工作的基本价值观和目标在哪些方面反映了弗兰克尔的意义意志?
- 你会如何和别人分享弗兰克尔的意义观?
- 根据你从弗兰克尔身上所学到的知识,你会采用什么方法帮助家人、朋友和同事寻找工作和生活的意义?

意义主张

按照维克多·弗兰克尔的工作和遗产精神,我要在生活、工作以及社会大环境中追寻意义。

致　谢

　　写书就像种花，不能渴望今天种下种子明天就能开花。我们在写作本书的过程中得到了很多人的帮助，没有他们的支持和坚持，这本书就不可能完成。我们非常感激弗兰克尔一家，他们从一开始就对本书很有信心，并且给予了我们很大的支持。感谢贝尔特–科勒出版公司的整个团队为本书的出版创造了十分有利的条件。特别要感谢出版商史蒂夫·比尔桑蒂和编辑部主任吉万·斯瓦苏伯拉马尼亚姆，以及编辑、设计师、审稿人、运营者和贝尔特–科勒出版公司其他的供稿人和同行作家。我们还要感谢珍妮特·托马斯。我们尤其要感谢所有相信并鼓励我们推广追寻意义运动的人们。现在追寻意义的运动已经如火如荼，让我们一起把意义的讯息传遍全世界，共同创造更加美好的未来。

作者简介

亚历克斯·佩塔克斯
（Alex Pattakos）
圣达菲摄影工作室
卡洛琳·莱特（Carolyn Wright）摄

亚历克斯·佩塔克斯（Alex Pattakos）博士被人亲切地称为"意义博士"。他是国际意义研究所的共同创始人，该研究所在美国、加拿大和希腊都有分支机构。他总是热心帮助别人去发挥他们的最大潜力，追寻生活和工作的真正意义。他的经历非同寻常。他曾经担任过治疗师和心理健康管理人员、商业和公共管理学院全职教授，以及研究生项目负责人。他还在三位总统任职期间担任过白宫顾问，也曾是美国食品和药物管理局的顾问。他喜欢寻找有新意的办法去解决公共问题。他还是哈佛大学肯尼迪政府学院美国政府创新奖励计划（the Innovations in American Government Awards Program）主要教师评估人员。他还和别人合写了获奖著作《OPA方法：让你找到生活及工作的快乐和意义》。现在亚历克斯作为国际意义研究所的共同创始人和意义运动的领袖，主要从事意义疗法的教学、演讲和咨询工作，帮助人们把意义带入自己的工作、生活和社会活动中。

伊莱恩·丹顿
（Elaine Dundon）
圣达菲摄影工作室
琳达·卡法尼奥（Linda Carfagno）摄

伊莱恩·丹顿（Elaine Dundon），工商管理学硕士，国际意义研究所共同创始人。该研究所在美国、加拿大和希腊都有分支机构。研究所通过开展前沿研究、意义疗法测试与评估、教育项目与教材研发、提供战略决策等活动，正在把自己打造成一个意义方面的世界引领机构。她非常热情地帮助人们追寻个人生活和工作的意义，帮助一些机构创建以意义为中心的工作环境，让它们生产的产品和提供的服务真的与众不同。伊莱恩起初是在宝洁公司做市场策划和品牌管理工作。作为个人和组织创新领域的思想领袖，她创作了国际畅销书《创新的种子》（The Seeds of Innovation），在多伦多大学首次开设了创新管理方面的课程。她开始逐渐关注"创新的人性方面"，把意义、领导能力、哲学、形而上学融入工作，帮助个人和组织发挥他们的潜力。她是获奖著作《OPA 方法：让你找到生活及工作的快乐和意义》的合著者。现在伊莱恩作为国际意义研究所的共同创始人，正在运用自己独特的经历引领意义疗法和意义运动，鼓励大家有意义地工作和生活。

联系信息：
国际意义研究所
电子邮箱：
info@globalmeaninginstitute.com
网址：
www.globalmeaninginstitute.com

注释

第一章

1. Viktor E. Frankl, *Man's Search for Meaning: An Introduction to Logotherapy*, 4th ed. (Boston: Beacon, 1992), 113–14.
2. Viktor E. Frankl, T*he Unconscious God* (New York: Washington Square, 1975), 120.
3. Viktor E. Frankl, *Recollections: An Autobiography* (New York: Plenum, 1997), 53.
4. Frankl, *Man's Search for Meaning*, 75.
5. Frankl, *Man's Search for Meaning, 108.*
6. Viktor E. Frankl, lecture, delivered February 18, 1963, Religion in Education Foundation, University of Illinois. See also Viktor E. Frankl, *Psychotherapy and Existentialism* (New York: Washington Square, 1967), 147..
7. Frankl, *Psychotherapy and Existentialism*, 4, emphasis added.
8. Frankl*, Man's Search for Meaning,* 49.

第二章

1. Frankl, *Autobiography*, 35.
2. Frankl, *Autobiography*, 19. See also Anna S. Redsand, *Viktor Frankl: A Life Worth Living* (New York: Clarion Books, 2006).
3. See, for example, Alex N. Pattakos, "Searching for the Soul of Govern-

ment," in *Rediscovering the Soul of Business: A Renaissance of Values*, edited by Bill DeFoore and John Renesch, 321–23 (San Francisco: New Leaders Press, 1995). Frankl's choice of the Greek word *logos*, including its spiritual underpinnings, in the naming of his school of psychotherapy was discussed in a personal conversation with Alex Pattakos, Vienna, Austria, August 6, 1996. For further evidence of Frankl's intention to use the word in its spiritual sense,see Viktor E. Frankl, *The Doctor and the Soul: From Psychotherapy to Logotherapy* (New York: Random House, 1986), xvii.
4. David Winston, *Logos and Mystical Theology in Philo of Alexandria* (Cincinnati: Hebrew Union College Press, 1985). This kind of interpretation of *logos* received attention more recently in Karen Armstrong's best seller *A History of God*, in which she notes that Saint John had made it clear that Jesus was the *Logos* and, moreover, that the *Logos* was God.
5. Frankl, *Autobiography*, 53.
6. Frankl, *Autobiography*, 98.
7. Frankl, *Man's Search for Meaning*, 75.
8. See also Frankl, *Man's Search for Meaning*, 117.
9. Frankl, *Autobiography*, 53.

第三章

1. Frankl, *Man's Search for Meaning*, 75
2. Personal conversation with Alex Pattakos, Vienna, Austria, August 6, 1996. See also Viktor E. Frankl, keynote address delivered at the Evo-

lution of Psychotherapy Conference, Anaheim, California, December 12–16, 1990.
3. I am indebted to Dr. Myron S. Augsburger for this account. See also Nelson Mandela, *Long Walk to Freedom* (New York: Little, Brown, 1995).
4. Christopher Reeve, *Still Me* (New York: Ballantine Books, 1999), 267.
5. Interview with Christopher Reeve on *Larry King Live*, originally aired on February 22, 1996.
6. Reeve, *Still Me*, 3–4, emphasis added.
7. See Christopher Reeve, *Nothing Is Impossible: Reflections on a New Life* (New York: Random House, 2002). See also Dana Reeve, *Care Packages: Letters to Christopher Reeve from Strangers and Other Friends* (New York: Random House, 1999).
8. Frankl, keynote address delivered at the Evolution of Psychotherapy Conference, Anaheim, California, December 12–16, 1990.
9. Frankl, *Psychotherapy and Existentialism*, 3.

第四章

1. Frankl, *Man's Search for Meaning*, 87–88.
2. Frankl, *Man's Search for Meaning*, 105.
3. Viktor E. Frankl, *The Unheard Cry for Meaning* (New York: Washington Square, 1978), 21.
4. This ministry of meaning has continued to manifest itself beyond Chappell's efforts to ensure that Tom's of Maine, which became part of the Colgate-Palmolive Company in 2006, maintains its core values, beliefs,

and mission as a business enterprise. Tom and Kate Chappell's newest venture, Rambler's Way Farm, continues their passion for creating superior products for a sustainable lifestyle, while at the same time creating a business that can be a positive force for its consumers, workers, communities, and the planet. Rambler's Way Farm is "a company that pays homage to America's rich history as a textile producer, while breathing new life into the domestic wool industry, through our collaboration with farmers and producers around the country." See http://www.ramblersway.com/toms.

5. Rodney Crowell, "Time to Go Inward," *Fate's Right Hand* (Sony Music Entertainment, 2003). We're indebted to our friend and colleague Stewart Levine for introducing us to Rodney Crowell's music and lyrics. Some people, even though they can clearly see such prison bars, are unwilling to go inward and do something construc- tive about what they see. Take, for example, former major league baseball player and manager Pete Rose, whose gambling addiction, a manifestation of the will to pleasure, proved to be his own demise, as he describes in his autobiography *My Prison Without Bars* (New York: Rodale Books, 2004).

6. Viktor E. Frankl, *The Will to Meaning*, 1985 lecture (available on tape from Zeig, Tucker & Theisen, Phoenix, ISBN: 1-932462-08-2). See also Viktor E. Frankl, *The Will to Meaning: Foundations and Applications of Logotherapy* (New York: Penguin Books, 1988).

7. "The Classroom of the Future," *Newsweek*, October 29, 2001, online at http://www.newsweek.com/classroom-future-154191.

第五章

1. Frankl, *Man's Search for Meaning*, 114.
2. Frankl, *Man's Search for Meaning*, 115.
3. See, for example, Phil Jackson and Hugh Delehanty, *Sacred Hoops: Spiritual Lessons of a Hardwood Warrior* (New York: Hyperion, 1995).
4. Frankl, keynote address, delivered at the Evolution of Psychotherapy Conference, Anaheim, California, December 12–16, 1990.
5. Frankl, *Man's Search for Meaning*, 107.
6. Frankl, *The Doctor and the Soul*, xix.
7. We're indebted to Art Jackson for introducing us to this particular exercise.
8. Frankl, *Unheard Cry*, 45.

第六章

1. Frankl, *Man's Search for Meaning*, 125.
2. Frankl, *The Doctor and the Soul*, 118.
3. Frankl, *The Doctor and the Soul*, 118.
4. See Ronna Lichtenberg, *It's Not Business, It's Personal: The 9 Relationship Principles That Power Career* (New York: Hyperion, 2002).
5. Jean-François Manzoni and Jean-Louis Barsoux, "The Set-Up-to-Fail Syndrome," *Harvard Business Review* (March–April 1998): 101–13.
6. Frankl, *The Doctor and the Soul*, 126.
7. See, for example, Charles C. Manz, *The Power of Failure* (San Francisco: Berrett-Koehler, 2002).

8. Management guru Tom Peters as cited in Robert Johnson, "Speakers Use Failure to Succeed," *Toronto Globe and Mail*, January 30, 2001.
9. Frankl, *The Doctor and the Soul*, 224.
10. Haddon Klingberg, *When Life Calls Out to Us: The Love and Lifework of Viktor and Elly Frankl* (New York: Doubleday, 2001), 67. See also Frankl, The Doctor and the Soul, 232.
11. The bookkeeper's story as told in Frankl, *Man's Search for Meaning*, 128.
12. Frankl, *Man's Search for Meaning*, 127.
13. Frankl, *Autobiography*, 67–68.
14. Frankl, *The Doctor and the Soul*, 224.

第七章

1. Frankl, *Psychotherapy and Existentialism*, 20.
2. Responses from MBA students to Andy Borowitz's talk at the Wharton School as reported in *USA Today*, August 19, 2003.
3. Rubin Battino, *Meaning: A Play Based on the Life of Viktor E. Frankl* (Williston, VT: Crown House, 2002), 66. See also Frankl, *Man's Search for Meaning*, 54, emphasis added.
4. Charlotte Foltz Jones, *Mistakes That Worked* (New York: Delacorte, 1991).
5. Frankl, *Autobiography*, 98. See also Frankl, keynote address delivered at the Evolution of Psychotherapy Conference, Anaheim, California, December 12–16, 1990; and Frankl, *Man's Search for Meaning*, 81–82.

第八章

1. Frankl, *The Doctor and the Soul*, 254.
2. Frankl, *The Doctor and the Soul*, 125.
3. Frankl, *The Doctor and the Soul*, 255.
4. See Charles Taylor, *The Ethics of Authenticity* (Cambridge, MA: Harvard University Press, 1991).

第九章

1. Frankl, *Man's Search for Meaning*, 12.
2. Frankl as quoted in Haddon Klingberg, "When Life Calls Out to Us: The Love and Lifework of Viktor and Elly Frankl," speech, Toronto Youth Corps, February 11, 1973, p. 289.
3. Frankl, *Man's Search for Meaning*, 135.
4. FLovemore Mbigi and Jenny Maree, *Ubuntu: The Spirit of African Transformation Management* (Randburg, South Africa: Knowledge Resources, 1997).
5. The story "The Echo" is told in full in Alex Pattakos and Elaine Dundon, *The OPA! Way: Finding Joy & Meaning in Everyday Life & Work* (Dallas, TX: BenBella Books, 2015), 59.
6. Frankl, *Man's Search for Meaning*, 92–93.
7. Peter M. Senge, *The Fifth Discipline* (New York: Currency/Doubleday, 1994), 13.

第十章

1. Frankl, *Man's Search for Meaning*, 105.
2. Viktor E. Frankl, *Psychotherapy and Existentialism* (New York: Washington Square, 1967), 122.
3. Personal conversation with Alex Pattakos, Vienna, Austria, August 6, 1996. See also Frankl, keynote address delivered at the Evolution of Psychotherapy Conference, Anaheim, California, December 12–16, 1990.
4. Michael J. Berland and Douglas E. Schoen, "How the Economic Crisis Changed Us," *Parade*, November 1, 2009, pp. 4–5.
5. Frankl, *Psychotherapy and Existentialism*, 27.
6. "Think Millennials Have It Tough? For Generation K, Life Is Even Harsher," *The Guardian*, March 19, 2016.
7. See Frankl, *The Doctor and the Soul*, 26.
8. See Mabel Sieh, "Life's a Roller Coaster," *South China Morning Post*, April 29, 2013, online at http://yp.scmp.com/article/4979/ lifes-roller-coaster.
9. Mark Gerzon, *Coming into Our Own: Understanding the Adult Metamorphosis* (New York: Delacorte, 1992).

第十一章

1. Frankl, *The Will to Meaning* (1985 lecture). See also Frankl, *The Will to Meaning: Foundations and Applications of Logotherapy*.
2. See Caleb Melby, "Ellison's Paycheck Is $103 Million and He's Still a Bargain," March 11, 2015, online at http://www.bloomberg.com/news/

articles/2015-03-11/ellison-s-103-million-pay-seen-as-a-good-deal-for-shareholders.

3. Gallup Organization, "Engaged Employees Inspire Company Innovation," *Gallup Management Journal*, October 12, 2006.

4. Amy Adkins, "Employee Engagement in U.S. Stagnant in 2015,"January 13, 2016, online at http://www.gallup.com/poll/188144/ employee-engagement-stagnant-2015.aspx.

5. "One in Two US Employees Looking to Leave or Checked out on the Job, Says New *What's Working*™ Research by Mercer," June 20, 2011, online at http://www.businesswire.com/news/ home/20110620005336/en/Employees-Leave-Checked-Job-What%E2%80%99s-Working%E2%84%A2-Research.

6. Steelcase Global Report, *Engagement and the Global Workplace* (Grand Rapids, MI: Steelcase, Inc., 2016), online at http://www.steelcase.com/insights/360-magazine/steelcase-global-report/.

7. For example, see Joanne Richard, "The Toxic Workplace: From Narcissists and Pot-stirrers, to Drama Queens and Bully Bosses, Ulti- mately Toxic People Can Take Other People Down with Them," October 7, 2015, online at http://www.torontosun.com/2015/10/07/ the-toxic-workplace.

8. Gallup Organization, "Engaged Employees Inspire Company Innovation," *Gallup Management Journal,* October 12, 2006.

9. Eileen E. Morrison, George C. Burke, and Lloyd Greene, "Meaning in Motivation: Does Your Organization Need an Inner Life?" Texas State

University–San Marcos, Faculty Publications, School of Health Administration, 2007.
10. Victor Lipman, "Key Management Trends for 2016? Here Are 6 Research-Based Predictions," Forbes, January 1, 2016, online at http://www.forbes.com/sites/victorlipman/2016/01/01/ key-management-trends-for-2016-here-are-6-research-based-predictions/#403e455d1071.
11. See "Satisfaction Beats Salary: Philips Work/Life Survey Finds American Workers Willing to Take Pay Cut for More Personally Meaningful Careers," May 17, 2013, online at http://www.news center.philips.com/us_en/standard/news/press/2013/20130517-Philips-Work-Life-Survey.wpd#.VXYtVKZ12Ud.
12. Frankl identified three categories of values that, when actualized, provide sources of meaning: (1) *creative* values (that is, "by doing or creating something"); (2) *experiential* values (that is, "by experiencing something or encountering someone"); and (3) *attitudinal* values (that is, "by choosing one's attitude toward suffering").
13. Donald M. Berwick, *Escape Fire: Designs for the Future of Health Care* (San Francisco: Jossey-Bass/John Wiley & Sons, 2004), 231, emphasis added.
14. "Korn Ferry Hay Group Global Study Finds Employee Engagement at Critically Low Levels," March 31, 2016, online at http://www.kornferry.com/press/korn-ferry-hay-group-global-study-finds-employee-engagement-at-critically-low-levels/.
15. Roger Frantz and Alex Pattakos, eds., *Intuition at Work: Pathways to Un-*

limited Possibilities (San Francisco: New Leaders Press, 1996), 4.

16. Anita Roddick, *Body and Soul* (New York: Crown Publishers, 1991).

17. "Analysis of Global EAP Data Reveals Huge Rise in Depression, Stress, and Anxiety over Past Three Years," *Workplace Options*, December 16, 2015, online at http://www.workplaceoptions.com/ polls/analysis-of-global-eap-data-reveals-huge-rise-in-depression-stress-and-anxiety-over-past-three-years/. See also John Hollon, "Last Word: New Survey Is Clear—More and More Workers Are Stressed and Depressed," TLNT | *Talent Management and HR*, December 18, 2015, online at http://www.eremedia.com/tlnt/last-word-new-survey-is-clear-more-and-more-workers-are-stressed-and-depressed/#.

18. See Joe Raelin, "Finding Meaning in the Organization," *MIT Sloan Management Review* 47, no. 3 (Spring 2006): 64–68.

第十二章

1. Frankl, *The Doctor and the Soul*, 130–131.
2. Kalle Lasn and Bruce Grierson, "America the Blue," *Utne Reader Online*, October 28, 2000.
3. "Food & Coffee 'On Hold' for the Needy," *Greek News Agenda*, March 1, 2016, online at http://greeknewsagenda.gr/index.php/ topics/culture-society/5881-food-coffee-"on-hold"-for-the-needy.
4. Gregory Pappas, "Vanessa Redgrave: 'The Greek People Are Showing the World How to be Human, How to Try to Help Fellow Human Beings,' " *Pappas Post*, January 5, 2016, online at http://www.pappaspost.

com/vanessa-redgrave-the-greek-people-are-showing-the-world-how-to-be-human-how-to-try-to-help-fellow-human-beings/.
5. Sharon Crowther, "Condo Developers Boost 'Sharing' Features to Draw Young Buyers," *The Globe and Mail,* March 25, 2016, online at http://www.theglobeandmail.com/life/home-and-garden/real-estate/ condo-developers-boost-sharing-features-to-draw-young-buyers/ article29385716/.
6. "Korn Ferry Hay Group Global Study Finds Employee Engagement at Critically Low Levels," March 31, 2016, online at http://www.kornferry.com/press/korn-ferry-hay-group-global-study-finds-employee-engagement-at-critically-low-levels/.
7. Thomas Moore, *The Re-Enchantment of Everyday Life* (New York: HarperCollins, 1996), 126.
8. Hippocrates G. Apostle and Lloyd P. Gerson, *Aristotle's Politics* (Grinnell, Iowa: The Peripatetic Press, 1986), Book Γ, 84–86.
9. Alex Pattakos, "The Search for Meaning in Government Service," *Public Administration Review* 64, no. 1 (2004): 106.
10. See the International Center for Leading Studies of Athens, Greece, at http://www.ticls.org/.

第十三章

1. Frankl, *Man's Search for Meaning*, 49.
2. Frankl, *Man's Search for Meaning*, 147–149.
3. See the Viktor Frankl Institute at http://www.viktorfrankl.org/e/ long_cv.html.

4. Stephen R. Covey, A. Roger Merrill, and Rebecca R. Merrill, First Things First: To Live, to Love, to Learn, to Leave a Legacy (New York: Simon & Schuster, 1995), 103.
5. See the Viktor Frankl Institute at http://www.viktorfrankl.org/e/.
6. Such websites as Academia.edu (https://www.academia.edu/) and ResearchGate (https://www.researchgate.net/) contain numerous references to pertinent resources in the professional and academic literature dealing with this topic. In this regard, see Stephen J. Costello, "Logotherapy as Philosophical Practice," *Philosophical Practice* 11, no. 1 (March 2016): 1684–1703. For an example of Viktor Frankl's wisdom in a mainstream consumer publication, see Elaine Dundon and Alex Pattakos, "Why Am I Here? Your Personal Answer to the Ultimate Question," *Complete Wellbeing* 9, no. 1 (2014): 36–46. Complete Wellbeing is a leading, award-winning lifestyle magazine in India.
7. Michael F. Steger, Shigehiro Oishi, and Todd B. Kashdan, "Meaning in Life Across the Life Span: Levels and Correlates of Meaning in Life from Emerging Adulthood to Older Adulthood," *Journal of Posi- tive Psychology* 4, no. 1 (2009): 43–52.
8. Paul T. P. Wong, "Positive Psychology 2.0: Towards a Balanced Interactive Model of the Good Life," *Canadian Psychology* 52, no. 2 (2011): 69–81. See also Dr. Paul Wong, "What Is Second Wave Positive Psychology and Why Is It Necessary?" http://www.drpaul wong.com/what-is-second-wave-positive-psychology-and-why-is-it-necessary/.
9. See the Second International Congress on Cognitive Behavioral Coach-

ing, in Athens, Greece, at which Dr. Alex Pattakos was a keynote speaker (http://www.iccbc2016.com/). Also, in 2015, Alex was a keynote speaker at the International Existential Coaching Congress in Bogotá, Colombia.

10. See Alex Pattakos and Elaine Dundon, "Discovering Meaning Through the Lens of Work," *Journal of Constructivist Psychology*, DOI: 10.1080/10720537.2015.1119084 (2016). In addition, the Global Meaning Institute offers, as meaning-centered measure- ment tools, MEANINGology® Life, MEANINGology® Work, and MEANINGology® Team & Organizations Tests.

11. Alex Pattakos, "The Search for Meaning in Government Service," *Public Administration Review* 64, no. 1 (2004): 106. See also Panagi- otis Karkatsoulis, Alex Pattakos, and Efi Stefopoulou, "Looking for Ariadne's Thread: Greece's Public Service Workforce in Transition," *PA Times* 37, no. 2 (2014): 4–5.

12. Laurence E. Lynn, *Managing the Public's Business: The Job of the Government Executive* (New York: Basic Books, 1981).

13. "Viktor Frankl" entry in *New World Encyclopedia*, http://www.new worldencyclopedia.org/entry/Viktor_Frankl.

14. Mike Fleming Jr., "Holocaust Memoir '*Man's Search for Meaning*' Heading to Screen," *Deadline*, June 8, 2015, online at http://deadline.com/2015/06/viktor-frankl-holocaust-memoir-mans-search-for-meaning-movie-1201439694/; see also Henry Barnes, "Viktor Frankl's Book on the Psychology of the Holocaust to Be Madeinto a Film," June 9, 2015, online at http://www.theguardian.com/ film/2015/jun/09/viktor-frankls-

book-on-the-psychology-of-the-holocaust-to-be-made-into-a-film. In June 2016 it was reported that another production company, Straight Up Films, had acquired the rights to develop a movie based on Viktor Frankl's memoir, *Man's Search for Meaning* (http://variety.com/2016/film/news/viktor-frankl-mans-search-for-meaning-movie-1201804466/). As the details of this film project unfold and the partners in the movie's development become clear, one thing is certain: our friends Alexander Vesely MA, director and grandson of Viktor Frankl, and Mary Cimiluca, producer of Noetic Films, Inc., are actively involved in a Hollywood film project featuring the life and work of Dr. Viktor Frankl in authentic ways, never before told!

15. Jonathan Zalman, "In Intensive Care, Jimmy Fallon Read '*Man's Search for Meaning*': The Late-night Host Nearly Lost His Finger, but He Found Zen via Viktor Frankl," July 14, 2015, online at http:// www.tabletmag.com/scroll/192232/in-intensive-care-jimmy-fallon-read-mans-search-for-meaning.

16. Interview with Jimmy Fallon, *Esquire* (December 2015–January 2016), online at http://www.esquire.com/entertainment/tv/a39744/ jimmy-fallon-interview/.

17. "Jimmy Fallon Searched for the Meaning of Life while in the ICU for 10 Days," *Relevant*, July 14, 2015, online at http://www.relevant magazine.com/slices/jimmy-fallon-searched-meaning-life-while-icu-10-days.

18. For the "Law of the Forgetting Curve," see Hermann Ebbinghaus, *Memory: A Contribution to Experimental Psychology* (New York: Dover,

1964). This classic work was originally published as *Über das Gedächtnis* (Leipzig: Duncker and Humblot, 1885).
19. *Viktor & I: An Alexander Vesely Film*, produced by Mary Cimiluca, CEO, Noetic Films, Inc., 2010 (http://www.viktorandimovie.com/).
20. See Viktor Frankl Museum, Vienna, at http://www.franklzentrum.org/english/viktor-frankl-museum-vienna.html.
21. Frankl, *Man's Search for Meaning*, 134.
22. For more on the Statue of Responsibility, see http://www.statueof responsibility.com/. See also Ken Shelton and Daniel Louis Bolz, eds., *Responsibility 911: With Great Liberty Comes Great Responsibility* (Provo, UT: Executive Excellence Publishing, 2008). Alex Pattakos, "Life, Liberty, and the Pursuit of Meaning," in *Responsibility 911*, 72–75.